TEBIE NAIXIN TEBIE AI

特别耐心
特别爱

儿童情绪管理与性格培养

许皓宜/著

民主与建设出版社
Democracy & Construction Publishing House

图书在版编目（CIP）数据

特别耐心特别爱 / 许皓宜著. -- 北京：民主与建

设出版社, 2016.2

ISBN 978-7-5139-0956-3

Ⅰ.①特… Ⅱ.①许… Ⅲ.①儿童 - 情绪 - 自我控制

Ⅳ.①B844.1

中国版本图书馆CIP数据核字(2015)第298871号

著作权合同登记号　图字：01-2016-0843

中文简体版通过成都天鸢文化传播有限公司代理

经城邦文化股份事业有限公司新手父母出版事业部授予

北京兴盛乐书刊发行有限责任公司独家发行

非经书面同意，不得以任何形式，任意重制转载

本著作限于中国大陆地区发行

出　版　人：许久文

责任编辑：李保华

整体设计：尚世视觉

出版发行：民主与建设出版社有限责任公司

电　　话：(010)59419778　　59417745

社　　址：北京市朝阳区阜通东大街融科望京中心B座601室

邮　　编：100102

印　　刷：北京欣睿虹彩印刷有限公司

版　　次：2016年6月第1版　2016年6月第1次印刷

开　　本：16

印　　张：14.75

书　　号：ISBN 978-7-5139-0956-3

定　　价：36.00元

注：如有印、装质量问题，请与出版社联系。

自序

每个孩子心里，都有需要父母理解的情感风暴

　　身为一个学咨询心理学、修过教育学课程的妈妈——我得先承认，能写出这本《特别耐心特别爱》，并不是因为我自己有多么好的情绪修养；相反地，正是因为我自己曾经是个情绪很容易暴走，又因此"充满愧疚感"的妈妈，我才能如此深刻地体会：好好和孩子"谈论情绪"，在教养孩子的过程中是多么重要的一件事！

　　不同于许多在家全心陪孩子的全职太太，我的两个孩子，都是在我一边做全职工作、一边写博士论文的状态下诞生的。我经历过独自抚养新生儿、不知所措的恐慌，也经历过论文写不出来，被婴儿哭叫声吵到濒临崩溃的焦虑，更面临过拜托父母带小孩，感受和孩子变得疏离的心酸……我深深体会到，不管学习过多少专业，在成为一个母亲之后，都会变得如此渺小与无助。

　　在讲台上，我可以是一个自信讲课、包容学生的老师，在女儿面前，我却只是一个拗不过她，就跟着生气的妈妈。

孩子的行为和我想的不一样

　　按理说，儿童心理学的理论学习和辅导经验我都不缺了……只是，这些理论和经验怎么好像不知道该如何运用在自己的孩子身上？在孩子出生以前，我从没料到，他们会如此轻易地勾发我的情绪：孩

1

子不听话的时候，我忍不住生气；孩子出问题的时候，我被挫折感纠缠！而且，我期待他要如何的时候，他偏偏是另一个样子——该睡觉的时候不睡，我还在睡的时候，他偏偏要起床……

于是我发现，在教养过程中，引起我焦虑的第一件事，是孩子的"行为"总是不按常理出牌，和我想的不一样。

孩子让我看到自己的渺小

孩子不按常理出牌，常常让我的情绪凌驾于理论学习的理性思考之上了，让我几乎忘了"包容与接纳"对孩子的重要性；不然，就是把自己的感受藏起来，强迫自己做一个对孩子有耐性的好妈妈……多么累啊！而我也悄悄看到，被我这么对待的大女儿，似乎也这么疲累地、小心翼翼地对我。

于是我发现，原来我在孩子的行为上看到似曾相识的自己，从教养孩子上看到我与另一半的价值差异；甚至，从与孩子相处的感觉中，发现自己和父母间遗留下来的未解的问题……而这些都可能阻碍我去了解孩子真正的样子、和真正的他相处。

教养孩子，先懂他的心

在这种时候，心理学中的许多概念又带给我很大的帮助。我回过头去重新咀嚼自己读过的书和理论，才发现心理学中藏着许多深刻的含义：比如说，信任和安全感对孩子的意义，以及对未来生命的影响是什么？孩子说"不"，背后的情感状态是什么？孩子在地震后，难以安抚的不安与哭泣又是为了什么……我惊喜地重新"使用"那些原本熟识的心理学理论——但这一次，我是用它来"理解孩子的情感"，也"理解我自己的情感"，理解自己成长中尚未走过的生命历程。

也许，从前那个年代，很少人告诉我们的父母：如何"理解"、如何和孩子"谈论情绪"？但是，在现在这个年代，我却希望能带着这种理解的心，去贴近与对待我的孩子。

《特别耐心特别爱》这本书，分成四个篇章：第一篇，谈论孩子的原始情绪；第二篇，理解孩子"暴走"背后的负面情感；第三篇，觉察父母在育儿中的情感状态；第四篇，学习放手让孩子走出情感风暴。我虚拟了一个有三个可爱小宝贝（欣欣、佑佑、安安）的家庭，相信这些宝贝们的故事，也常常是发生在每个家庭里的故事。

我深深觉得，我们都想让孩子快乐，我们也有权力成为快乐的父母。衷心希望，这不只是一本亲子教育书，也是一本可以增进父母自我觉察的书。

目录

第三篇　暴走爸妈放轻松

第四篇　帮孩子心情稳定上学去

第一篇
认识孩子内在的原始风暴

你知道吗？刚出生的孩子，在他们的微笑与哭泣中，已经开始表达出兴趣、苦恼、讨厌、满足的心情。对于出生两个月后的孩子，你还可以陆续在他身上发现生气、哀伤、喜悦、惊讶、害怕……

到了出生后的第二年，孩子的心情更复杂了：他们开始感到尴尬、害羞、内疚，对人会有忌妒心、骄傲心……这对还无法用语言能力表达自己的小孩而言，是一个非常需要别人理解与协助的历程。

所以，孩子所有令人头痛的行为，其实都是在表达一件事情："亲爱的家人，请你们懂我。"

我打你哟！

面对孩子总爱动手打人

佑佑和安安这对兄妹只差了大约一岁。

妈妈为了照顾他们俩，总是伤痕累累的！

怎么说呢？在安安满九个月的时候，总是时不时地，就突然张开才刚冒出几颗牙的嘴，往妈妈的肩膀上咬去。

"哎呀！安安，妈妈会痛耶！"妈妈已经很小心了，却还是常常被咬到。

那时还不到两岁的佑佑也好不到哪去。心情不好的时候就别说了，拳打脚踢的，有次还踹到妈妈的眼睛；就连心情很好的时候，也会失控地狂打妈妈的头。

"佑佑，这样妈妈很痛！"

从开心玩闹、到失控被捶打，对佑佑和安安的失控行为，妈妈实在很无奈。

不知道各位家长们有没有被孩子"打到"鼻青脸肿的经历？可能是不小心被他们撞到、踢到、咬到，还有些时候可能是孩子没什么理由就动手乱打人。

这些举动不同于"发脾气"的行为，而是一种"本能"的攻击举动——孩子甚至需要从这种"奇怪的行为"中，学习与人相处的社会化功能。

孩子可能这样想

★ 攻击是一种怕失去"好的事物"的本能

心理学理论告诉我们，人生来具有一些本能：求生存是一种，毁灭和攻击也是一种——而这两者又是相互关联的。

孩子六个月大之前，都属于和妈妈"共生"的阶段。这时，他们会以为，只要移动眼睛找妈妈，妈妈就会出现，而自己的饥饿、需要、愿望，都会随着妈妈的出现被满足。很快，这种自以为是的全能感，就会随着成长过程逐渐幻灭——因为孩子事实上是没有能力控制母亲的。

心理学研究就发现，孩子求取生活的方法之一，就是在自己的想象中"毁坏"母亲，让自己不需要那么依赖她。所以你可能会发现，孩子对于自己越喜欢的东西，总忍不住要咬一口（牙齿在心理学上的象征意义就是攻击）——这就是一种又爱，又怕自己不能控制，又怕失去的矛盾反应了。

⭐ 攻击可以获得快乐和满足

另外，从发展心理学的角度来看，从孩子学习咬嚼的口腔期阶段（0~1岁），到孩子训练排泄的肛门期阶段（1~3岁），通过咬嚼和排泄的刺激会使孩子获得心理上的满足。在这个阶段，孩子在这些刺激上是需要获得满足的，但他们心里又感受到这种"吞、咬"的本能可能会为自己招来惩罚，这种"想满足自己快乐的感觉"就可能被压抑。倘若这种口腔与肛门期的冲动受到压抑而无从释放（例如：孩子在各种状况下都被禁止乱咬东西），孩子未来反而可能变得调皮、冲动、缺乏自制力。

从这个角度来看，这种带有攻击性的、失控的行为，其实是孩子在透过这种刺激让自己获得满足的体现。只是在社会化教育还不完善的状况下，孩子们让自己快乐的方法可能影响或伤害到别人。

⭐ 攻击，是孩子自我疗愈的方式

当然，也有些孩子的攻击举动已经超越了本能、超越了快乐的满足，而带着那种"搞不清楚自己和别人之间的界限在哪儿"的混淆——这可能出于对家庭里某些攻击和暴力行为的学习。对于这种孩子来说，攻击、冲动、打人便成为了一种他们进行自我疗愈的方法。

所以，如果你发现孩子的攻击行为，不只是和你玩闹而已，还带有很深的生气、愤怒或悲伤的情绪，就要特别关注这个孩子是否需要更多额外的帮助。

从心理学的角度来看，童年时期不能通过这些攻击的释放完成自我疗愈任务的孩子，长大后会有比较大的可能出现真正的暴力行为。

家长可以这样做

⭐ **在安全的状况下，尽量满足孩子口腔和肛门的需要**

接触过幼儿的人都会发现，孩子最早的时候是用嘴巴来探索这个世界——他们会把遇到的所有东西都拿起来啃一啃、舔一舔。而当孩子开始学习大小便时，他们甚至还都会要求看自己尿布上和马桶里的大便。

这些"异于成人"的习惯，很少会有成年人在第一时间马上接纳，而不露出奇怪甚至嫌弃的表情。很多成人觉得排泄物很脏，怕有病毒或细菌，但孩子的这些举动，其实就像我们用眼睛在看、用耳朵在聆听世界一样，年幼的孩子是用嘴巴在"品尝"这个世界，用"看自己的大便"来发现自己身上的新奇，大人怎么忍心剥夺呢？

所以，若发现孩子的攻击和冲动行为越来越强烈，不妨先思考：他们的口腔和肛门刺激满足了没有？家里的人是否有帮孩子满足他们的口腔和肛门的冲动呢？孩子的口腔需求是否常常被阻止（例如：大人不允许孩子乱舔东西，但这其实对孩子而言是必要的）？孩子对控制排泄的学习是否常常受到斥责（例如：尿床就被骂，但在排泄控制上孩子其实需要被包容，否则会感到很挫折）？

总而言之，舔东西、咬东西、尿床等等，在无伤大雅的范围内，就让孩子们自由地去吧！孩子三岁以后，这些行为往往就自行消失了。

★ 学习在不干扰别人的状况下满足自己的需要

对于2～4岁的孩子来说，学习在"我想做这件事"和"我要服从大人说的话"之间找到一个判断的准则是重要的；当孩子真的不能做他自己想做的事情时（例如，这件事具有危险性），大人还得帮助他找到其他满足或安抚自己的方法。

在这过程中，严厉的惩罚对孩子是有杀伤力的。因为学龄前对孩子来说属于探索的阶段，严厉的惩罚（如：用力打孩子却没有和孩子说明原因，或者把孩子关在黑暗的地方让他感到恐惧）会抑制孩子的求知冲动（攻击行为其实也是一种求知与探索）。所以对于年幼的孩子，我们特别需要让他们知道"因为我爱你，所以我不能让你做这件事"，并协助他们把攻击冲动转化到安全的地方、找到替代方案。例如：

把攻击冲动转化到安全处：可以打墙壁、打地板，但不能打人。

找到攻击的替代方案：打球、弹琴、画画或其他孩子有兴趣的活动，这是一种行为上的升华。

对孩子来说，这正是学习：在不干扰别人的情况下满足自己的需要。

这些不能说或做

* 严格惩罚孩子却不说明理由。（孩子会为自己本能的抒发
遭受禁止而感到困惑）

* 乖乖地让孩子打，或只是闪避孩子的攻击。（孩子不会知
道到这样的行为会干扰别人）

不要！不要！不要！

面对孩子的第一个叛逆期

佑佑在学会说话前，都还是个非常好"搞定"的小孩。

他吃东西完全不挑，又吃得很快，快到会让妈妈忘情地在十分钟内就喂下一小碗水果泥（但下一刻他可能因为一下吃太多而整个"哗啦"一声吐出来）。

佑佑不怕生，又大方，临时托个人照顾他，他也能开心地被逗闹起来。

佑佑也不需要什么新玩具，光给他个装了些绿豆的瓶子，他就能拿起来摇得很开心……

但这美好的一切，在佑佑迈入两岁的时候，全都变了样。

某天，妈妈坐在客厅看书，佑佑在妈妈脚边玩耍，突然拿起了面纸盒，将面纸一张张地抽起——每抽一张，就放到妈妈腿上；抽一张、放一张，抽一张、放一张……

当妈妈拍拍他的头，他会继续一张一张抽起来放到腿上；当妈妈出声制止他，他会停下来看看妈妈，待妈妈继续看书后，又继续原本的动作；当妈妈不理他，他却会爬到沙发上用力地打翻妈妈手上的书，然后重新把面纸一张一张地放在妈妈腿上；当妈妈把他抱起来，他却张牙舞爪地哭闹……

哎，佑佑，你到底是怎么了啊？

我想很多家长会同意，孩子出生后，那段还躺在婴儿床上、不哭闹，又对着你笑的时光，是育儿过程中最美好的亲子时光之一。可是等到他们会哭、会闹、会跑、会跳、会说话、会顶嘴之后，可就令为人父母的你忍不住感叹，苍天为何变了样？

其实，你知道吗？早在两岁之前，孩子就有可能出现第一次的"叛逆期"了，而且这种考验父母耐心的情况，却还是促使他们发展出"规矩"以及对自己身份认同的垫脚石呢！

孩子可能这样想

⭐ 全能感丧失的矛盾阶段

刚出生的婴儿虽然什么都不懂，却是十分自恋的。你可能看到过婴儿好奇地看着镜中的自己，也可能曾发现刚会爬行的婴儿喜欢停留在镜面的金属电器前自我观望……但这都还比不上心理学中所称的婴儿内心的那股"全能感"——觉得自己无所不能，甚至能控制父母！

这究竟怎么回事呢？从心理学的角度来看，婴儿从出生开始，对世上的一切都感到陌生，所以在他们心里是没有"你和我"之分的，他们很无知地以为母亲就像自己的手、脚一样，和自己是相连的一体；以至于当他们的大脑慢慢发展，了解"母亲和自己并非同一个人"时，还天真地想象，只要自己有需要，母亲就会如预期般地出现。直到出生六个月左右，因为这种"全能感"的失灵频率越来越高了，孩子的心里会产生越来越多的矛盾和莫名的愤怒，想对你大叫"你给我出现"，却又发不出声音（也还不懂这种语言的意思）。

于是，孩子开始了解到自己能否被接受，某种程度是取决于大人的心情；而且大人的所作所为并非自己能够控制的。随着这种渺小、无力的感觉滋生，曾经有的全能感丧失，会让他们在面临环境的挑战与挫折时大发脾气。而父母也得开始准备迎接小婴儿人生中的第一个"叛逆期"了。

✪ 通过说"不"来保持自己的分离性

年幼孩子的叛逆当然和大孩子的叛逆不同、杀伤力也不大，只是吵起来的时候令人头痛、考验父母的耐心。而且，孩子们常用的是"不要！不要！不要！"来拒绝你要他做的事；或者就像上述的情境一样，这样也不行、那样也不对，令人又爱又恨，却又找不到根治的方法。

在心理学上，很多研究者观察到，六个月之后的孩子开始产生"自我感"，也意味着他们要和母亲分离了。但这种分离不是真正说再见的那种分离，而是孩子们得在全能感丧失的体验中，消化"我是一个独立的个体"这种很怪的心情。

你能想象吗？对这些小孩儿来说，我本来明明觉得我跟你是同一个人，却要花那么久的时间才发现——我和你根本是不同的人；不同的人就罢了，这世界还不是我可以控制的（因为他们从前只要控制那条脐带就可以），是你才能控制的……这叫我婴儿的面子往哪儿放呢？

在这种心情的纠结下，孩子既然不能全然体会，也就难以全部消化，自然只好通过"这也不行、那也不要"来表示抗议——背后却隐藏了一个重要的目的：我要花力气来维持我和你的"分离感"。

✪ 越亲近的人，越无理

在一般的传统家庭里（传统指的是主要是由妈妈照顾小孩的家庭），孩子的叛逆通常会发生在母亲的身上；遇到父亲时，这种叛逆却会收敛许多。这就让许多父亲"误以为"自己比较会照顾孩子，母亲自然会因为不解而抗议啦！还有些夫妻会为此产生冲突呢！

其实，这背后最有可能的原因是：母亲对孩子来说是最重要的"共生伙伴"。曾经你依附于我、我依附于你——被这样的伙伴拒绝，当然会让孩子最难以忍受啦！

所以，如果你是那个花了许多心思，却总觉得教不好孩子的妈妈，放下心来吧！这样是正常的。

家长可以这样做

★ 尊重孩子的"想黏你"和"不想黏你"

如果你了解孩子的心理，就可以了解，两岁上下的孩子（可能一直持续到上幼儿园），一下要你、一下不要你，是很正常的。但是，这种时期的孩子，特别容易引发家长情绪上的困难，特别是当大人自己年幼时的分离感都还没有处理好时（大人感觉到自己也特别难忍受孤单和分离），这个时期就会特别麻烦。所以，如果你正身为年幼孩子的父母，不妨去体会一下，当你用力地抱着孩子，对他又亲又摸的时候，是因为孩子主动来要求你抱他？还是你总在自己需要的时候就要抱着他，直到你自己觉得满足呢？

如果你是后者的话，就要了解，当孩子"不想黏你"的时候，你也要学习不要去打扰他正在做的事情。在孩子不想要的时候黏着他，不是一种亲子的亲昵，而是一种对乐趣的剥夺。

★ 孩子需要什么，就给什么

正在发展自我感的孩子，有时会变得特别依赖，下一刻又表现出他不需要你。他们有时会强迫你提供帮助，却又在你提供帮助后拒绝你，难怪许多爸妈忍不住抓狂说："你到底想怎样？"

没错，这时候的孩子，就是想考验你，在这种"往返推拉""起伏不定"的过程中会不会抓狂、对他大声发火？会不会拒绝他、从此不要他？

当然，孩子这种"想要测试大人"的心情是很微妙而且难以表达的。所以，如果我们了解到孩子在发展中会出现这种心情，就不妨和自己打打心理战！孩子来，我就拍拍他、抱他；孩子走，我就做自己的事。你会发现，从一岁半到两岁这段期间，你如果特别能发挥这种耐心，在孩子需要的时候才靠近安抚他，在他眼光向外的时候则允许他充分地探索，不因为孩子的起伏不定而发脾气，就会换来进入幼儿园后甜美、能讲道理的孩子。

如果你说，孩子已经过了两岁怎么办？——做法一样啊！只是这种情况下，需要耐心的时间可能稍微长一点。

⭐ 发展"临睡分离仪式"

"临睡分离仪式"是处理幼儿期叛逆的一个好方法。

通常，我都主张"孩子要和父母分床睡"（当然，可以分房睡的时候就分房更好）。但即使孩子和父母上床的时间不一样，我也十分认同在孩子睡前创造一些"临睡分离仪式"，对孩子的自我感发展很有帮助。其中包括讲故事、唱催眠曲，还有两招可用的亲密法宝：

找出亲密接触带：有些孩子的亲密带在额头，有些是发际，有些是耳朵。你可以将手指并拢，来回轻轻地抚摸这些地带，你会发现这对孩子的入睡以及亲子亲密感的建立很有帮助。

善用似睡非睡期：人类的睡眠随着脑波变化分成好几个阶段。其中，刚入睡的那个阶段，我称为"似睡非睡期"（通常，在这个阶段，你唤孩子的名字时，他已经不会清楚地响应你，但可能还可以"嗯嗯啊啊"地发出一些"混沌"的声音）。这个时候大脑准备休息，却还没有进入睡眠状态，所以你如果在孩子耳边轻声说些亲密的话，特别容易进到他的潜意识里（例如：宝贝，妈妈爱你喔）。当然，这目的是增进亲密感，可不是用来控制孩子的！

如果你的临睡分离仪式有用，你会发现孩子越来越懂事（因为他发展出了他自己）。而这也代表家长接下来可以好好地教孩子一些为人处事的道理了！

这些不能说或做

＊"你再这样乱生气我就不要理你了！"（抛弃用语）

＊"你这样很讨厌啊！"（情绪用语）

会让孩子觉得自己不舒服的心情是不被允许的。

我不管，我要生气！
面对孩子无理取闹的情绪

  安安刚出生的时候，一直是个见人就笑的宝宝；没想到等到一岁多之后，却开始出现一种"爱生气"的现象。比如说，电话响了，她吵着要接，没接到，就马上张大嘴哇哇大哭，接着整个人趴在地上，头闷在交叉的双手底下，双脚上下划动着踢地板……

  观察几次这样的情形，妈妈开始发现，当安安哭了一会儿没人理她之后，她会抬起头偷看：如果看到有人在看她，她会趴下继续哭泣；如果没人理她，她可能会哭得更大声，或者转换成另一种哭的声音和方式。这样的情形在她站着哭泣时也存在——通常，站着哭泣的她，眼睛应该是眯着的，但每哭一阵子，她就会让眼皮稍微打开一点，来观测周遭的状况。

这个现象说明了一件事：孩子的生气是一种情绪的表达。

家长们，你还记得自己上一次"无理取闹"是什么时候吗？是对公司那无法合作的同事发脾气？还是夫妻争吵的时候，你说出心里的委屈？抑或是面对自己父母那总是改不了的、讨人厌的反应而大喊委屈呢？

是的，这种生气的心情，因为成人能用语言来表达，就能让人了解生气的道理。但对成人来说，某些压抑、难以说出口的感受，也会因为表达不清而变成"无理取闹"——比如说，一个面对婆婆总是让小孩吃香灰而心里感到不舒服的媳妇，因为没办法直接说出这种感受，只好在一些小地方发作，在其他家人心里就变得"无理取闹"。可是，如果了解那"为小事发作"的背后，其实是对婆婆的不理解和对孩子的担心，这个家庭可能就不用受到这些"无理取闹"的攻击。

孩子也是这样。孩子的世界虽然比成人来得单纯，但也常常会有这种"表达不出心里感受"的时刻，因为怎么讲大人都很难真的懂。于是，哀嚎、哭泣、拳打脚踢，就成了孩子们最原始而有效的反应。

孩子可能这样想

⭐ 坏脾气：从单纯转向多元思考的特征

婴儿从大约两个月大开始，就开始发展"原始情绪"了，常见的包括生气、哀伤、喜悦、惊讶、害怕和讨厌。直到一岁之后，孩子才开始展现语言能力，也代表大脑的认知思考功能开始大量运作，孩子对自己高兴以外的情绪有了更多的理解，并且开始发展出不同于原始情绪的"衍生（复杂）情绪"，包括尴尬、害羞、内疚、忌妒、骄傲等。

从孩子会说话开始，在心理的发展上就逐渐走入自主性的阶段；但也因为寻求自主的挫折，负面情绪会变得特别多，变成令家长头痛的"小恶魔"。只是，这就像毛毛虫蜕变成蝴蝶一样，当孩子"从天使转入恶魔期"，却代表他们正在长大、逐渐懂事，在学习道理。

⭐ 所有"无理取闹"背后"都有道理"

如果说孩子从出生开始学到的第一项语言是"微笑和哭泣"，那么，"发脾气"就是孩子们学习到的第二语言。所以，在孩子无理取闹发脾气时，就要想到我们自己在"无理取闹"时的反应，那背后肯定是有原因的。

孩子们虽然心里知道不可以再像个婴儿一样大声哭闹（爸妈和学校都有在教），可当他们不舒服的时候，那感受也是真实存在的。于是他们会把身体扭来扭去、嘴里哼哼唧唧的，心里也常常在想："哎哟，这种奇怪的感觉怎么还不快过去？"这时，当周围没有人给他一些反应时，不舒服的感觉就会引导孩子们继续闹下去。

你知道吗？许多好动、不专注的现象，其实也是这种负面情绪无法排遣的结果。

家长可以这样做

⭐ 处理情绪，先别忙着压抑

当孩子无理取闹的时候，如果家长们常常制止孩子："不要哭！""不要乱生气！"或者是孩子一哭闹就骂孩子，孩子的心里会产生"只要一哭，爸爸妈妈就会不开心地骂我"的联想，容易造成孩子性格上的压抑。表面上好像"学会"了控制自己的情绪，实际上却因为得不到适当的宣泄，长大后反而失去自我安抚及调整内在情绪的能力。

孩子在生气时的想法很简单，只是需要父母的接纳，然后把生气转换成语言："我知道，你很生气，你很难过，你很失望。"当孩子刚开始出现无理取闹的样子时，你会发现，光是蹲在他身边，用稳定的语气重复说上述这些有同理心的话，就是非常有用的。

为什么会这样呢？从心理学的角度来看，孩子会走路之后，表达方式除了哭以外，还多了几种：发脾气、踢东西、尖叫。有时候，小孩子这样的表达并不需要大人过多的帮忙，因为他们可能只是需要有人注意他，让他平静下来。但当他开始伤害自己或破坏东西的时候，父母必须把四处挥打的他紧紧抱住，用自己的手臂抱持与包容住这个孩子还未成熟到可以自我调节的情绪……孩子就会慢慢学习掌控自己的情绪。

⭐ 创造"抱持性环境"

许多孩子在闹脾气时，情绪张力非常大，嘴里常常嚷着："不要不要不要不要……"（而且速度很快），没有那么容易安抚。家长在一时间不知道怎么办的状况下，一是会搞得自己也挫折生气，一是会退却让步、让孩子自己冷静。

这背后有个相关的行为改变技术，叫作"暂时隔离法"。很多专家会提倡，当孩子情绪无法控制的时候，可以在安全的原则下，让孩子在一个空间自我冷静。我并不否认隔离法的效果，但我认为，隔离法的使用有情境的限制；而且不能因为"隔离"让孩子感到"疏离"。

什么样的状况不会让孩子将"隔离"解读为"疏离"呢？那就是别只记得用"隔离的行为技术"，而忽略了孩子发脾气的背后存在着"需要被拥抱支持的心情"。

先反映孩子的心情：父母还是要记得先反映孩子的心情："我知道你很生气"（不要直接说："你这样不对"，孩子会觉得你要惩罚他）。

说明等待时间：跟孩子说明。"我现在要让你自己冷静一下，让你不再那么生气，等一下我就会回来找你（最好有个时钟让孩子看，知道长针指到几的时候父母会回来）。"

和父母有情感接触：当孩子不懂他为什么被隔离，而且在当下缺乏和父母的情感接触时，他会觉得自己是被"关起来"的，自然误以为是一种"惩罚"或是一种"不被爱""被抛弃"（因此孩子无理取闹时，父母仍然可以表达："你这样让妈妈很难过，所以妈妈要先让你自己安静一下，妈妈也要安静一下"）。

⭐ 创造抱持性环境的两项原则：坚定与自由

上述的"抱持性环境"，正是心理学里头对年幼孩子人格发展上所特别强调的基础。但指的并不是极尽所能地宠小孩，不管他做什么都要包容，而是不管孩子做了什么错事，在心理上还是感受得到："自己这个人"是被家人所支持包容的。

至于如何创造抱持性环境呢？很简单，当孩子闹得不可开交、叫他做什么他都不肯时，家长不妨交叉使用"坚定权"和"自由权"。例如，当孩子不愿离开游乐区而挥手踢脚、发脾气时：

自由权：宝贝，妈妈知道你很想玩，但是我们真的要走了。你要自己走，还是妈妈牵你走（帮孩子创造自由选择的权力，但各种选择都导向孩子该做的事)?

坚定权：发生在孩子仍然坚持不走、坚持哭闹的时候，家长可以直接抱起孩子把他带走(你会发现，当离开了那个情境，孩子自己就会停止哭闹了)。

孩子的逻辑很清楚简单，当内心的快乐被阻挡时，他必然闹脾气反抗；但内心的在意程度却远远不如表面的脾气来得大。会哭闹许久、不轻易善罢甘休的孩子，常常是被大人处理的方式给"惹毛了"（每个孩子的性格不一样，但有些孩子却真是这样）。

通过这样的观察可以发现：能够最迅速有效处理孩子闹脾气的父母，往往是最淡定的父母。

这些不能说或做

* "不要哭！"（禁止信息）
* "不要乱生气！"（不被理解）
* "你再这样我要生气了啊！"（不被接纳）
* "你再这样我要打你啊！"（会被惩罚）

孩子没有逻辑的脾气不适合用打骂与惩罚来对待，因为他们不懂被处罚的原因是什么。

起床也要因材施教

面对孩子的起床气

这是边恍神边打瞌睡的小朋友

　　自从孩子们慢慢长大后，每天九点上床睡觉变成一件困难的任务。即使早早赶他们上床，兄弟姐妹们总还是要在床上讲个悄悄话，撑到累了才愿意合上眼睛；可是，隔天仍然要早起上学的呀！于是有好一阵子，妈妈早上打开孩子们的房间，就会出现这样的一幕：

22

"欣欣、佑佑、安安，起床了！"（欣欣翻了个身、佑佑和安安则一动也不动）

"上学了，起床了！"（欣欣把棉被抓得更紧，佑佑和安安还是动也不动）

妈妈只好无奈地抓起瘫软的欣欣，帮她脱去睡衣、准备换上学的衣服，在这过程中她就会醒过来（因为她要醒来看妈妈帮她选哪一套衣服）。佑佑和安安就没办法用这一招了——你一碰他，他可是会生气哭闹的。

对妈妈这个职业妇女来说，哪有空每天和他们搞那么多花招呢？

家长们是否也有过赖床的时刻呢？某些明明天气好得不得了的早晨，太阳暖暖地晒进房间里，可是前一天才为了工作或家事而奋战到很晚，于是瞌睡虫大胜闹钟小天使——万般只求，让我多睡五分钟吧！

是的，孩子爬不起床时，就是这样的心情，而且比大人更难受。因为从心理学的角度来看，小孩是比大人"更本能""重欢乐"的生物，所以他们生理睡眠需求的心也更坚强。加上在时间概念建立前，孩子起床的时间往往不是自己控制的，这种"非自愿性起床"的状况，就让孩子特别容易在起床时闹脾气！

看完这样的说明，许多家长可能就明白了，要解决起床闹脾气的做法，当然是让孩子早睡早起、睡眠前不做使情绪激烈的游戏和运动、创造孩子起床后的期待，并且在孩子建立时间概念后，让他们自我管理上床与起床的时间、设置闹钟……只是，在一切进入孩子自我管理的美梦前，家长遇到孩子起床闹脾气，该怎么办呢？

孩子可能这样想

★ 表达能力尚未成熟

大人的起床气，在起床后泼泼冷水、吃顿早餐、找心爱的人骂个两句……可能就没事了。从心理学角度来看，孩子因为大脑发展的关系（特别是三岁以下，甚至到六岁学龄前的孩子），"脑袋懂的比能表达的多"，即使起床后一肚子不开心也表达不出来，只感觉全身都不对劲，不想要人家碰、不想要人家问、更不想和人讲话……此时，当大人触犯了这些"不想"的原则，孩子自己就会大哭大闹，挥手踢脚样样来。

★ 容易陷入恶性循环的争战

小孩的挥手踢脚，有时会伤到别人、伤到自己。虽然这对孩子来说是表达与发泄的一种，但在大人看来却像是发作的小恶魔，容易引发一早赶着上班的慌乱感。在这种状况下，有些爸妈可能选择迁就、在孩子哭闹下仍帮他们把生活琐事打理好；有些爸妈自顾不暇，大吼或挫折感也跟着来。在这样激烈的早晨，发脾气后所感受到"爸妈也发脾气"的反作用力，有时会让家长和孩子陷入恶性循环的争战中，家长会觉得"为你做这么多，你还不领情？"孩子也会觉得："叫你不要过来，你怎么都不懂？"

起床这件美好的事情，就变成名符其实的"起床气"——起床了，大人孩子一起生气。

家长可以这样做

⭐ 观察孩子的"本来习惯"

虽然孩子的习惯可以建立，但这不代表孩子的个性和本质可以或需要被"转变"。

面对起床气，许多家长往往请问专家、老师，然后拿出许多五花八门的方法试验在孩子身上——结果有用固然是好事；结果无效，不只父母感到挫折，那些提出办法的人也会跟着失去效用。

其实，要解决孩子的情绪问题，首先还得了解孩子本来的习惯。例如，有些孩子起床后不高兴，他的习惯是坐着不动，嘴里还要哀号两声；有些孩子的起床气则是发呆、动作像乌龟一样慢——说真的，这些一点也没有碍到别人（除非他哀嚎得太大声），让他这样闹一下、慢一下又何妨呢？

观察孩子的习惯、并让他遵照自己的习惯，是处理起床情绪问题最重要的一步。

⭐ 父母的作为要建立在孩子的本质上

当然，家长们往往担心起床时哭闹、动作慢吞吞的孩子会赶不上校车，或害大人上班也来不及。这时，不妨来个"五分钟原则"。

五分钟等一等原则：告诉孩子："我知道你没有睡饱，起床不舒服，我再让你坐一下、睡一下，等一下会来叫你。如果等一下叫你还这样，我就要生气了！听见了吗？"（这时，家长们不妨先放下孩子，去做自己的事，五分钟后再回来处理也不迟。）

　　下指令要清楚：最重要的是，即使孩子正在生气，家长说这段话时，仍要要求孩子看着你的眼睛："看着妈妈，宝贝，看妈妈。"（这样语言才会进到孩子的心里去。）

⭐ 罗马非三天造成，拆掉罗马也不能只有三天

　　搭配孩子的起床管理，家长的确可以自行创造许多亲子小游戏，只是有一些特别的原则：对于起床时已经在闹脾气的孩子，因为大多是身心不舒服的关系，用上述的"五分钟原则"就行；如果孩子的情绪已经比较舒缓，或是起床时是在伸懒腰、赖床的那种，就很适合玩个简单的小游戏把孩子"闹醒"。

　　例如，"是哪个小萝卜还在睡觉啊？我要来拔萝卜了！""这个春卷怎么还包那么紧啊！我要来打开春卷皮了！"起床，也可以很开心，孩子在这种欢乐的气氛下，也容易自动自发、生活自理。

　　当然，处理孩子的起床问题，除了需要观察力和魄力，还要和孩子比情绪耐力。如果孩子起床气的问题已经积习已久、一时间难以搞定，家长更要知道，起码要天天尝试，把持一致原则，快则一个月，慢则三个月，你一定会看到孩子在父母包容（愿意让孩子按照自己的习惯是一种包容）与了解（愿意在孩子习惯外创造一些适合他的新习惯是一种了解）下所产生的改变。

这些不能说或做

＊ "你再不起来就自己待在家里吧！" （这是威胁口吻，除非你真的可以让孩子留在家里）。

＊和孩子说好再睡五分钟，却容许他多睡好几个五分钟！（缺乏遵循原则）

＊天天因为孩子赖床，就帮他打理好所有事情，而他不用自己承担上课迟到的责任。（缺乏责任心）

大灰狼会来吗？

面对孩子想象中的害怕

　　一个天气凉爽的晚上，爸爸和妈妈带着三宝到附近的大学操场去散步。

　　爸爸带着刚上小学的欣欣往跑道上奔去。妈妈一手牵着三岁的佑佑、一手牵着一岁多的安安，慢慢地在跑道外围行走。

　　跑道外黑蒙蒙的，还种了低矮的树丛。

　　"妈妈，好黑，我怕怕。"安安说。

　　"妈妈，大灰狼会出来吗？"佑佑说。

　　"这里没有大灰狼。"妈妈说。

"可是暗暗的，大灰狼会不会出来？"佑佑又说。

"不会、不会，大灰狼不会出来。"妈妈又说。

"妈妈，大灰狼什么时候会出来？"不管妈妈说的话，佑佑继续说着。

大灰狼到底会不会出来呢？这件事情变成了这个晚上最没交集的亲子话题。

家长们，你们家的孩子听故事吗？你有没有注意到过，孩子们其实会对某些故事感到害怕。比如说，我们家的小孩，以前只要听到童话故事里那个笑得非常狰狞的"坏巫婆"声音，就会赶快叫我帮他跳过那一段。

有很多家长可能会以为，那是因为孩子还不够大，所以听到那些配音的时候，就会自然引发害怕的反应。但其实，著名的心理分析家梅兰妮·克莱恩（Melanie Klein）却说："听完格林童话故事后，会不会感到焦虑——可以用来作为衡量儿童心理是否健康的指标。"

孩子可能这样想

⭐ "故事怕不怕"，反映"压抑深不深"

在心理学界，有个理论是在谈儿童早期对"性"的启蒙与经验。这种性的启蒙，在人类发展上，心理学家甚至发现在三岁以前的小孩

就有性方面的冲动和想象。当然，与"性"相关的议题，在社会文化以及人的心理层面，都是较容易被压抑的。比如说，一个小男孩如果在大众面前抚摸自己的生殖器，或者黏着妈妈，都有很高的比例会受到禁止，或者被要求要长大一点……而这都会成为儿童早期心理压抑的来源。

除了这些表层的行为举动外，对小孩来说，这个性的启蒙，还和与父母亲之间的依恋有关，比如很多小女孩都会说："以后想要和爸爸结婚。"面对这样的童言童语，很多父母通常是笑笑就过去了，但这对孩子来讲，却是一件非常重要的大事。所以我们常会看到，有些孩子会反对父母亲手牵手——这些在大人眼里看起来"很可爱"的行为，其实也代表孩子没办法取代父母亲地位的挫折感。当这些感受不断在潜意识里发生，孩子在听童话故事时，里头的角色与情节也就跟着把他们心里的恐惧和想象给引发出来了。

特别是，性和依恋压抑越深的孩子，对故事就可能会有越莫名的害怕和想象！

⭐ "故事内容"往往投射出孩子对自己与父母亲之间关系的想象

除了性的冲动以及对父母的依恋，童话故事也常常反映出孩子所感受到的、自己与父母亲之间的关系。

比如说，我曾经遇过一个小男孩，他真的是对三只小猪、小红帽、七只小羊……这种里头有大灰狼的情节感到特别害怕。而且他的害怕，是只要听完故事，就有深深的大灰狼一定会出现在他房间里的恐惧感，还常常为此啼哭不已，怎么哄都哄不好。后来我才发现，原来这个小男孩有一个喝醉酒后就会回家乱敲门的爸爸……而他总以为爸爸这样狂乱敲门，是因为妈妈总和自己睡在一起，爸爸的狂叫声是为了把妈妈给抢回去的。

于是，妈妈会被抢走的失落、砰然作响的敲门声，就转化成了一种对爸爸的敌意与竞争感，并且在不敢讲出来的状况下，转化成了对童话故事里大灰狼的想象与害怕！

家长可以这样做

⭐ 三岁以前重安抚，三岁以后听内容

三岁以前的孩子，如果常常对故事或对周围的人事物有想象中的害怕——从心理学的发展角度来看，我们会重视处理的是孩子内在的"信任感"问题。所以比较好的做法当然是"安抚"，并且让孩子了解父母会在他的身边保护他。

至于三岁以上的孩子呢？我们已经知道这种想象的害怕，和性、依恋、跟父母相处经验的缩影都有关系，所以就更要了解孩子害怕的内容具体是什么，有几个可以和孩子讨论的原则：

具体化：孩子害怕故事里的什么？害怕谁？害怕什么声音？害怕什么样的形象？

延伸性：孩子为什么对此感到害怕？这个被孩子害怕的人、事、物，孩子觉得接下来会怎么发展？

关联性：孩子如何把自己放到他害怕的故事里？这个故事与想象会让孩子感到何种威胁？

当然，了解这些以后，最重要的是让孩子知道，不管大灰狼来不来，大人都会拼了命保护他的。

⭐ **检视自己代表故事里的哪个角色？**

另外，因为"日有所思，夜有所梦"，通常孩子会害怕的东西，真的不外乎是把自己和周围人事物的相处关联在一起了（特别是父母亲）。如果以这个观点来看，当孩子遇到想象的害怕和恐惧时，大人倒不用马上去压抑或阻断他这些害怕（特别是三岁以上有沟通能力的孩子）。可以跟着孩子一搭一唱地，把他想象中的故事给讲出来、讲清楚，父母亲便多了一个机会检视：自己在孩子害怕的故事中扮演什么样的角色呢？

这些不能说或做

* "乱讲，没有大灰狼，这里根本就没有大灰狼。"（这没有安抚作用，也阻断了孩子表达与大人之间关联的想象，可能会让孩子变得更压抑）

* "好啦，你乖的话大灰狼就不会出来，你再不听话大灰狼就会出来把你吃掉。"（这无疑是给孩子一个充分的想象空间，觉得自己会被父母亲给吞噬掉，可能会造成孩子退缩或情绪低落）

 为什么玩具坏掉了？

面对孩子的失落

吃饭，拿着心爱小车车

上厕所，拿着心爱小车车

（想画马桶，size却变成化粪池了…）

小车车终于被拿到坏掉了…

这天，爸爸妈妈带三宝到公园去玩。出门前，佑佑正在玩自己心爱的白色敞篷模型车，一听到要出门，坚持要带着敞篷车同行。

"那放在妈妈的袋子里吧！"拗不过佑佑的妈妈说。

"不行！这是我的。"佑佑把车子紧握在怀里，不肯放手。

"那你要自己好好保护啊！"妈妈说。

就这样，佑佑拎着白色车模，和欣欣以及安安在公园里跑来跑去。

要离开公园时，佑佑拿起手上的车模一看……

哎呀！不知道是什么时候，车子的四个轮胎掉了两个，车门也坏掉了。这下不得了，佑佑看到心爱的玩具变成这副模样，张大嘴巴哭了起来……

"啊！我的玩具！妈妈……我要我的玩具……"

"谁叫你自己要带出来。不听话！"欣欣在一旁泼冷水，佑佑哭得更大声了。

孩子把玩具弄坏，是每个家长都不陌生的经验。尤其是很小的孩子，我们虽然喜欢看到他们收到玩具时的笑容，但他们经手过的玩具，却很难"保留全尸"。那么，当父母的该如何面对孩子弄坏玩具时的哭泣与失落呢？

孩子可能这样想

⭐ 失落，因为"主体"概念的浮现

在这个情境中，有几个重要的概念。首先，是佑佑不愿意把车子给妈妈，表示他开始认为这个车模是属于"他的"，所以保护这辆车是"他的问题"——这是一种"主体"的概念，孩子开始知道，他是可以自己作主的，他可以是一个主要的个体。所以，东西坏掉后的情感反应并不是坏事，反而可以借此来判断，孩子开始有了"我"这个概念，要学习长大与面对挫折了。

⭐ "客体剥夺"，容易产生罪恶感

当孩子开始有"我的""你的""他的"概念，这些他所拥有的物品就被他视为可以被掌握、拥有、产生互动的"客体"，是帮助他和世界产生连结的东西。所以当孩子觉得明明已经好好保护，这东西却还是坏掉时，自然产生对自己的怀疑、再从内而外转化成失去这个物品的"失落感"。

从心理学的角度看，大人们可别以为他们只是心疼这个玩意儿，其实里头还有着很多和他自己相关的复杂情感呢！所以如果东西不见了，大人却第一时间出声斥责的话，这些学龄前的孩子，就会有深深的、这些"好的客体"被夺走了的感觉，羞愧感、罪恶感，就会跟着来了！

⭐ "过渡客体"，容纳孩子的冲动

如果这个坏掉的物品对孩子来讲是天天抱在身边、睡觉也分不开的那种，对孩子来讲还具有"过渡客体"的意义。所谓的过渡客体指的是，当孩子慢慢长大，发现父母不能二十四小时陪在身边时，就会找一些替代性的物品来自我安慰，这些物品身上其实都具有不可或缺的家人的象征。

可是很微妙的，因为孩子对父母的感受也是矛盾的，有时爱、有时恨，所以他们也会有一种要"破坏"这些过渡性物品的欲望。但当这些东西真的坏掉的时候，孩子哭声的背后其实是因为这种感觉就像爸爸妈妈、爷爷奶奶等重要人物"坏掉了"一样，令人难受！

父母可以这样做

⭐ 不用否认"失物"的过程

面对孩子的失落历程，许多大人的直接反应都是"安慰"或者"掩盖过去"——这或许是因为我们自己小时候都听过"某人死去了就是上天堂"这种安慰的话。但孩子面临失落——从心理学上来看，却是一种帮助他们成长的过程。如果家里的孩子弄坏了自己心爱的物品，而父母却说："这没什么，再买就好"，也许是安慰了孩子，但孩子就会回到一个更年幼的状态——可以一直掉东西、毁坏东西，而且会有人帮他负责。

所以如果大人说的是："我知道你的玩具坏掉了，很难过，但这没有关系。"就达到了一种情感的支持，而不需要通过"我会再帮你买"来安抚孩子（更何况有时候根本就买不到了）。至于另一种回应——"东西坏了就坏了，就算了嘛！"则是很标准的否认失落的语言了。

⭐ 用"不是规则"的话，来帮助孩子思考

在西方的心理学界有一段话是这么说的："从来就没有一个完美的母亲，但有些孩子会在游戏当中，因为母亲的某些话语引发他们的思考，孩子内心便会获得启发而学习到一些东西；但更多的孩子在游戏中，就真的只是在那玩而已！"

这里头的差别在哪里呢？为何同样的情境，有些家长说的话会帮到孩子，有些家长的话就只是安慰而没有帮助，甚至会对孩子造成创伤呢？

有心理学家整理了一个不错的、父母亲可以用来回应孩子的原则，叫做"不是规则的话"。也就是说，如果父母要思考自己的话和回应对孩子有没有帮助，你可以录一段你和孩子的生活对话，听听自己是不是常常在语言中透露"规则性""禁止性"的信息。

比如说，在这个弄坏玩具的情境里，如果大人的回应是："早就跟你说，不该带玩具出门。"这就是一种禁止信息，对孩子没有太大的帮助，他顶多学到这个规则而已。但如果响应是："下一次，如果你非常喜欢某个东西，你要记得好好保管，你可以想一想以后应该怎么保护。"这就是一种"不是规则"的语言，来帮助孩子思考。

当父母可以支持孩子的失落、刺激孩子的思考，孩子就能进一步从失落事件中学习到"责任感"。

在上述"佑佑玩具车坏掉"的这个情境当中，孩子有两个形式的责任：一个是对发生这个糟糕事件的责任，一个是孩子对自己不听劝告的行为应负的责任。第一个责任对学龄前的孩子来说，因为他们心理上还依赖着家庭，所以这种糟糕的感受常常是和父母连在一起的，所以特别需要大人的安慰；第二种责任则是孩子有了"我"的主体感后，就要进一步从大人的情感支持中学习对他自己的行为负责。

对发生糟糕事情的责任，给予情感支持与安慰："妈妈知道你很喜欢这个车模，车模坏掉了，很难过对不对？"

对自己行为负责的责任，用"不是规则"的语言促进思考："所以宝贝，你现在知道了，出来玩很开心，但是可能会因此忘记保护车模，那下一次该怎么办呢？"

这些不能说或做

* "这没什么，再买一个就好了！" （纵容孩子的退化，不需要负责任）

* "东西坏了就算了嘛！" （否认孩子的失落）

* "早跟你说了吧！不听话，本来就不应该带玩具出门。" （责备与禁止的信息，孩子可能产生愧疚感与罪恶感）

你们不可以笑！

面对孩子的敏感与爱面子

OS：这两个女人，是在嘲笑我吗？

家附近开了一间新的日式简餐店，爸爸、妈妈带着三宝到店里尝鲜。店里的一大桶味增汤旁，放着欣欣最爱的海带芽；妈妈让三宝自己舀了一碗汤，夹了些许海带芽放在汤里。

对才五岁多的欣欣来说，"自己舀汤"真是件了不起的大事。于是她边喝汤边摇头晃脑，嘴里唱着自己乱编的儿歌："海带海带真好吃，海带宝宝我爱你"。

　　爸爸妈妈看她自编的歌词如此单纯可爱，忍不住笑了起来，一边交谈得很开心。没想到，欣欣听到我们的笑声，却突然变了脸，说："你们不可以笑，你们不可以笑我。"原本开心的表情，瞬间变成了嘟着嘴，又生气又难过的脸。

　　如果这种敏感的时刻不好好处理，孩子未来也可能会用这种方式和旁人相处，而且对自我的要求也肯定不轻松。

　　敏锐的孩子贴心可爱，太过敏感的孩子却让家长感到头痛——宝贝啊！看着你却不能笑，难道要板着脸对你才行吗？

　　心理学中说，三岁以前的孩子，就可能已经有了"内射"和"投射"的能力。"内射"是把他人的样子纳入到自己身上，变成自己的样子；"投射"是把自己心里所想，当成别人心里所想。

　　从这个观点来看，这种"猜想别人会怎么看待自己"的情况就特别容易发生在大一点的幼儿和儿童身上，通常是，已经产生出"我"概念的孩子，或者开始有邻居和玩伴、已经上了幼儿园的孩子。如果你的孩子开始出现这样的情形——这是一个好机会，看看孩子在家人身上学习到了什么，以及教导他们面对未来生活的机会教育。

孩子可能这样想

★ 想想家里，有没有谁难放松？谁很完美？

　　相信你可以看得出来，孩子在这种状况中的敏感，在于分不清楚"嘲笑"和"欢笑"。但会对"嘲笑"敏感的孩子，也代表他们容易把焦点放在自己身上，关注自己表现好不好、人家如何看待他。

会产生这种状况的孩子，有些是孩子自己天生的性格和气质所造成的。但还有另一个值得家长思考与探索的是，在你们家里，是否也有对自己要求十分完美、或者比较难放松的大人，而这些特质都让孩子看在眼里，也不知不觉地吸收进去了呢？

有一回，我遇到一个妈妈，她正对这点感到困扰，当我问了她这个问题之后，她给了我两个答案：第一，她觉得她是个很放松快乐的妈妈，孩子可能想学习妈妈这样开朗的个性，但是做不到，所以压力就变得更大了；第二，孩子的爸爸自我要求很高，也常常对别人的反应很敏感，孩子这点表现就很像老爸的模样。

可见，孩子的敏感，有时是反映父母在家里的样子。

⭐ 想想学校，有没有发生什么？孩子如何解读？

孩子在学校所看到的同学相处，也可能让他们变得敏感。举例来说，我大女儿上幼儿园一阵子后，有天她告诉我：班上有个小朋友去厕所上大号，但因为幼儿园都是开放式厕所，其他小朋友笑着对这位小朋友说："好臭、好臭……"小朋友说这话没什么意思，一旁的大女儿却听往心里去了，对笑声变得特别敏感，因为她从那个上大号的情境，读出了那个小朋友被大家"嘲笑"的意味。

每个孩子对于情绪辨别的成熟度不同，有些对于情绪线索解读特别敏锐的孩子，就会产生这样的状况。当然，在这种状况下，家长也要仔细了解，孩子是否对同学的行为产生了错误的情绪解读。

家长可以这样做

⭐ 澄清、换位、认同感

很多家长看到孩子这样的反应，往往感到莫名其妙或不知所措。要不就是过分让步："没有，我们怎么会笑你呢？好，要么我们都不要笑好不好？"要不就是不知如何处理，干脆说："你干吗那么无聊啊？"当然，也有些父母觉得孩子受了委屈，忍不住抱不平地说："你有没有去跟老师说？"

第一种做法，无疑增强了孩子的敏感，让父母战战兢兢、不知何时该笑；第二种则让孩子觉得伤了心；至于最后一种，孩子看父母那么生气，就变得更难释怀了。那么到底该怎么办呢？不妨试试下列的原则与方法：

简单澄清：怎么不高兴啦？觉得我们在笑你吗？我们笑是觉得你很可爱，不是在嘲笑你。

角色换位：你如果看到别的小朋友做了一件很可爱的事情会不会觉得很开心？那你是不是也会笑呢？你笑就是因为开心啊，难道你也是在笑他吗？

认同感：我们大家开心的时候都会笑笑的。你希望爸爸妈妈看到你是开心、笑笑的，还是生气、不笑的呢？所以，可以让大家开心地笑笑的，都是很棒的小朋友。

⭐ 处理孩子的敏感，别想着一步到位

人生无常，别人的脑袋和嘴巴也都长在别人身上。敏感的孩子最

辛苦的地方是会时时在意别人的眼光，甚至用这些眼光来检视自己的表现与好坏。

面对孩子敏感的时刻，每个家长的心态不同。有的家长觉得，给人笑笑又何妨？有的家长就是受不了孩子难过。然而，站在教育的立场上，当一个孩子连面对同学的嘲笑都能真心地微笑以对，甚至还能让同学笑得更开心——他未来势必成为轻松开朗的孩子。

当然，这绝对无法一次到位，还有赖于家长们多忍受孩子受委屈的心疼——这种委屈，孩子如果能够不压抑、不忙着解读成人身攻击，他总有一天会衍生出"应对自如"的能力。

在了解和安慰之后，家长不妨拭目以待吧！

这些不能说或做

* "没有，我们怎么会笑你呢？好，不然我们都不要笑好不好？"（过度顺应孩子）

* "你干嘛那么无聊啊？"（让孩子更受挫折）

当孩子过度敏感的时候，我们不需要顺应他，也不需要让他更挫折。

♥♥爱咬手指和抠指甲的孩子
面对孩子内在的焦虑感

安安刚上幼儿园的时候。有天，她用手扯着妈妈的衣服，嘴里喊着："妈妈，痛，擦药药。"

安安嚷着痛，对妈妈来讲是件很正常的事，依照她个性的敏感程度，只要看到身上哪里红红的，就算没有引发痛觉，也一定吵着要擦

药，这是安安感受自己被人关心的方法。

于是妈妈拿起一条小乳膏，问安安："哪里？"只见她伸出大拇指，在她指甲片的底部两边，有好几条被抠起的手皮。

"哎呀！"妈妈心里暗自喊了一声。这种抠手指、抠身体、拔头发的行为，和一般的跌打损伤可不太一样，有些是因孩子的内在焦虑感而发生的。

家长们，先想想自己如果工作压力大、事情不如意，却又得坐在办公室或书桌前奋斗的感觉吧！想一想，每当这种时候，你有没有发现自己会出现哪些"小动作"呢？

吃零食？抓头？抖脚？还是干脆一边上网一边看电视？……是的，就如同大人会感受到压力，孩子面对不熟悉和不习惯的情境时，虽然无法说出那种感觉，心里却会感受到压力和焦虑。从心理学上来看，这是一种人类正常的心理机制——每当遇到压力和焦虑时，就需要做点什么来排解。特别是儿童，更会受到许多天生的内在焦虑的限制：包括潜意识里对未知世界的幻想、对父母亲关系的幻想、对自己可能被害或被抛弃的失落。

孩子可能这样想

★ 环境不一样，感觉很复杂

一般来说，孩子的焦虑行为，特别容易发生在环境改变的时候。例如：搬家、换学校，还有刚进幼儿园、小学一年级、初中一年级、高中一年级、大学一年级……你一定发现，就是在他们刚要去适应某种环境的时刻。所以这种焦虑性的行为，常常能反映某种适应上的困难。

⭐ 身体有变化，却很难表达

孩子会长大的嘛！最早的时候，是先意识到自己的性别，发现自己是男孩儿还是女孩儿。所以其实，从三岁左右起，小男生就会产生喜欢摸自己小鸡鸡的举动，还能获得舒服的快感呢！可是偏偏这种感觉不是每个孩子都能接受，有时还会被大人骂，焦虑感当然会不知不觉产生。但也因为孩子还小，这些感受就更难用语言表达出来，只好改用行为来反映啦！

⭐ 完美特质的自我要求

有很多会咬指甲、抠身体的孩子，会有完美主义的倾向和特质。自我要求高，有时连父母都没办法劝得动。所以很多家长很头痛地问过我："老师，我都没有要他一定怎样，他为什么会焦虑呢？"哎呀，有时在孩子心里，自己的爸妈、兄弟姐妹或家人，真的是太优秀了，而且这个优秀是存在于孩子心里的主观定义，让他们不自觉地想要"和谁谁一样"，自然就引发他们的自我要求啦！

家长可以这样做

⭐ 以静制动，以观察取代阻止

很多家长面对孩子的某些行为，最快的反应就是阻止他："唉呀，你不要再咬了。唉呀，手手不要再放嘴巴里。"但咬指甲、抠手指和身体、拔头发等可能性的焦虑行为，你越阻止，反而会对孩子产生更大的诱惑力。

就像前面所说的，成长过程因为环境和身心的变化，焦虑是正常的心理发展历程。所以家长不妨先淡定地口头提醒孩子："不要咬啊！这样会痛的！"观察看看，孩子是不是在被提醒后，行为的频率会降低，如果简单提醒就有效果，就说明孩子内在的焦虑是他自己可以控制的，爸爸妈妈和爷爷奶奶们，就不用太担心了！

⭐ 5W检查焦虑源在哪里？

如果在简单提醒后，孩子咬指甲和啃指甲的习惯还是存在，而且越来越严重，从啃一根手指头变成了啃很多根，或者指甲越抠越往里面，就有很高的机率是因为内心有让他焦虑的感觉，却又难以用言语表达。那么家长们该怎么办呢？不妨通过5W——人、事、时、地、物——来检核孩子这阵子是不是经历了什么不一样的事？其中包括：

人、物和环境变化：孩子和老师、同学、家人的关系有没有什么变化（包含搬家，父母、家人彼此的关系有没有变化）？

失落事件：有没有什么人或物让孩子产生失落感（如玩具坏掉、宠物过世等）？

特定的时间地点：孩子的焦虑行为特别容易发生在什么时间、什么地点？

以这些检查来找出孩子焦虑的症结点在哪里，然后陪伴、关心，倾听孩子在这些焦虑上的心情，如果情况仍没有改善，记得赶紧求助专业人员！

⭐ 替代性行为避免扩大影响

某些焦虑行为会影响孩子的人际关系。比如说，喜欢把指甲啃得秃秃的孩子、会拔自己头发的孩子，都可能被同学视为"怪异行为"，有时还会影响他们的人际关系。我们虽然不会马上阻止孩子的行为，却可以和他一起想想，哪些行为可以代替现在这些举动。例如，爱抠手指的孩子，我们可以在他手指头贴上透明胶带，让他抠胶带、而不用抠指甲；拔前额上面头发的孩子，我们可以叫他改拔后面的头发，就不会一副光秃秃的样子。一样是通过行为来满足焦虑，但所谓的"替代性行为"，确实让安全度增高了！

孩子的焦虑很难一日改善，需要耐心。但家长们不要着急，焦虑感一旦获得倾听，复原都比想象中快得多呢（平均六至八周）！但更重要的是，孩子的焦虑行为——有时是在提醒家长们，记得带着孩子多到不同于平日生活环境的区域走走，接触一些他平常不会接触到的人、事、物，有助于孩子在新奇中学习放松，打破原本焦虑的思维了！

这些不能说或做

＊ "哎呀！你不要再咬了。" （禁止信息，会让孩子更焦虑）

＊ "你不要再让我看到你在咬指甲了！" （禁止信息，会让孩子更焦虑）

＊打小孩的手，以示惩罚！ （禁止信息，会让孩子更焦虑）

上述的表现都反映了一种"禁止信息"。但焦虑感引发的行为，孩子通常很难自我控制，而且遭到禁止与惩罚，会让他们更焦虑。

♥♥为什么说再见，你不要我了吗？

面对孩子的分离焦虑

某天，安安去打预防针。

儿科前面有一台投钱会动的玩具车，打完针后，安安就赖在那台车上不肯走。爸爸看到这种情形，挥挥手对她说："安安，那我们要走了啊！再见！"

结果，安安没哭，六岁的欣欣倒是哭了——默默流泪、伤心不已的那种。

"欣欣，你怎么啦？"回家后，看女儿哭得这么伤心，妈妈问。

"妈妈，为什么爸爸要跟安安说再见，我们不要安安了吗？"她默默地流着泪跟妈妈说。

"欣欣，有的时候大人说话不是有意的，每个人面对你们不听话的时候，反应都不一样啊！这是爸爸对安安不听话的反应，可是爸爸怎么可能不要安安呢？"妈妈说。

这段话显然没发生太大的作用，欣欣还是默默流泪。

"欣欣，你是不是怕我们不要安安、不要你啊？"妈妈问。

欣欣默默地，流的泪更多了，缓缓地点头，像琼瑶小说里的女主角一样。

这是孩子的分离焦虑，而且不是只有年幼时才会发生，6~14岁这个开始懂事的阶段是孩子的另一个敏感期。

家长们，请先想想看，现在你身边那些重要的亲人、家人、爱人，如果有一天不在你身边，你的感觉会怎样？

如果这种感觉平常就与你同在，我想你可以了解孩子的这种反应，背后是一种不安全感和害怕失去的心情。虽然孩子的生活不如大人般复杂，但自他们从子宫来到这个多变的世界，就要学习在这种不安全感中，靠自己的力量去适应这个社会。

从心理学上的观点看，认为孩子的成长需要建立一种"客体恒久性"，也就是对外在可能消失的人、事、物，在心里勾画出一个心理形象，确认他们会永远在那里。有了这样的心理形象，孩子才能在父母及其他重要的人不在身边时，还能好好地去学习与探索。但在这之前，他们仍然可能会被和重要他人分离的不安全感所左右——即使是大一点的孩子。

于是，6岁以下孩子的不安全感，我们尽可能地用爱和养育来满足；6~14岁阶段的不安全感，却是一个很好的机会，协助孩子在不安全感中学习信任、与人交往。

孩子可能这样想

⭐ 观察入微，幼年分离感再起

根据研究显示，孩子从出生六个月开始，就在处理人我之间分离的议题（心理学上称为"全有全无 / 全好全坏阶段"——你如果在我身边，就是好人；你不在我身边，就是坏人），因此不论是保姆带的孩子、上幼儿园的孩子，家长总要处理孩子在分离上的焦虑。

之后，孩子到了6~14岁，对于家庭和周围的人际关系会变得特别敏感，也特别容易抓取环境中的人际线索——尤其是性格上较为内敛的孩子（常常是女孩子）——进一步唤醒孩子年幼时还没完全处理的分离经验。

⭐ 感同身受，替代性经验

性格敏感的孩子，同理心当然也特别强，所以当他们心中存在着不安全感时，也很容易对别人身上发生的不安全事件"感同身受"（心理学上称为"投射"，是一种把自己的想法套到别人身上的历程）。而这也是六岁前孩子和6~14岁孩子，在分离不安全感上的最大区别——前者是直接体验这种感受（所以他们会黏着妈妈、不让妈妈去做别的事）；后者开始学习社会价值观，所以就会产生这种对别人经验感同身受的"替代性经验"了。

辛苦的是，直接体验往往可以通过直接的爱与鼓励的"行动"来化解；间接经验就要加上一些说理，来启动孩子的"思考"了。

⭐ 寻找稳定，闯荡人生的基础

当然，不管是幼儿与儿童，在不安全感中探索的永远是学习对人的"信任"。心理学中有许多研究都发现，"信任感"几乎是孩子未来所有能力培养的基础——孩子能信任别人后，才能学着有自己的想法，积极而又勤奋地去面对周围的挑战，找到自己人生的定位并找到自己爱的人。

而培养信任感最重要的，是父母与照顾者"情绪的稳定"。

家长可以这样做

⭐ 检查家庭中发生的重要事件

有些家长发现孩子的分离焦虑后，在不知所措中，往往有一些心疼感。如果你也是对孩子的不安全感感到心疼的家长，不妨先检查一下，孩子是否经历过下列的家庭重要事件？包括：

孩子是否有被忽略的感受？（例如：弟妹出生，被关注度不如从前）

孩子年幼时是否曾离开母亲？（例如：住保温箱、未满月就被带离母亲身边）

孩子是否感受到家庭中的气氛不太稳定？（例如：家里有争吵或冷战的氛围）

父母或照顾者是否说过唤起孩子被抛弃感的语言？（例如：你再这样我不要你了）

如果你发现上述的事件曾在孩子身上发生，记得两个原则：过去不用追忆、治本甚于治标。也就是说，已经发生的事件虽然可能对孩子造成影响，但孩子的可塑性很强，只要持续（或重新）提供爱的环境，孩子都可以感受得到，安全与信任就会继续建立。

⭐ 面对孩子的退化行为与叛逆行为

有些孩子面临不安全感时，即使他已经越长越大了，有时还是会退回到像婴儿一样的行为（例如吸手指、蜷缩着身体哭泣）；或者，孩子会用一种叛逆或不置可否的样子来表达这种不安全感。面对这种状况时，可以采取以下的做法：

出现退化行为时：轻拍、拥抱，接纳这种婴儿般的行为，以重新给予安全感。

出现叛逆行为时：稳定、说理，用不生气的思辨对话来引导孩子产生信任感。

⭐ 父母，请表达你自己！

孩子的不安全感有时会和父母及照顾者潜藏在心里的不安全感纠缠在一起。所以有时我会看到有些父母明明在处理孩子的不安全感，那个安慰中却有一种情绪的距离。于是我不得不说：面对孩子的不安全感——父母，请表达你的爱！

至于如何表达自己的爱，有两点给家长参考：

先引起孩子的注意，他才能把注意力聚焦在你的表达上。

用孩子能懂的语言和比喻。

这些不能说或做

＊ "没有啊！没有不要你啊！好啦！以后不这样说了好不

好？不要哭！"

（这样的做法只有安抚的效果，而没有反思和交流的效用。）

后记

　　面对欣欣的哭泣，妈妈拉她进房间里，把衣服往上拉，露出剖腹生他们两姐弟后的肚皮。

　　"欣欣，知道妈妈的肚子为什么会这样吗？"妈妈问。

　　欣欣摇摇头，睁大眼睛好奇地看着妈妈。眼泪不流了。

　　"因为有一天，你来到了妈妈的肚子里，然后住在里面，一天天长大，把妈妈的肚子给撑得很大。然后你就生下来了。"妈妈做了一个动作，从自己肚子拉到她的身上。"然后你就慢慢地变成现在这样了。"

　　欣欣用红红的眼眶看着妈妈。

　　妈妈继续说："所以你是不是跟妈妈的手和脚一样，都是妈妈身上来的？"

　　欣欣点点头。

　　"那你会不要你的手，不要你的脚吗？"妈妈指指她的手。

　　欣欣摇摇头。

　　"那有的时候，你的手做事情做不好，画图画不出来，你会不会生手的气？"

　　欣欣又点点头。

　　"那你很生手的气的时候，会想要把手砍掉吗？"

欣欣又摇摇头。

"那就是啦!妈妈可能会生你的气,觉得你坏坏的,就像你会生自己的气一样。可是我们都不会不要手的,对不对?"

欣欣点点头,终于笑了。

第二篇
教出情绪不暴走的孩子

好危险呐！

身为父母，你对孩子未来的期待是什么？

身为一个学心理学的妈妈，我希望我的孩子可以表达自己、安抚自己、稳定自己的情绪。因为我知道，这会让他活得更健康快乐、做事更有方向、更知道自己要的是什么……

身为父母，我可以不花太多力气让我的孩子变聪明（因为遗传早已主导了孩子的智力，学习只是能影响这个智力能展现多少）；我也可以不用花太多力气去安排孩子的生活和未来，但是唯有"情绪"这件事情，是我能带着孩子去体验、去探索、去创造的一种生活态度，让他们未来能以一种优雅的思维，去面对人生所经历的挑战。

在这个充满变化的年代，"培养稳定的情绪"——是父母能送给孩子最好的礼物。

♥♥ 我不要放手

协助孩子面对喜欢的东西不一定能得到的现实

妈妈，我要买这个～～

　　安安非常喜欢贴纸，只要看到花花绿绿的贴纸（特别是公主图案的），她一定会凑过去欣赏半天，或者伸出手把贴纸用力抓起来，贴在自己的手上、脸上……

　　对妈妈来说，这样的安安有时会造成一些"方便"——特别是当安安在哭闹的时候，给她一张贴纸，她就会停止哭闹，而且还会欢天喜地地大声笑闹。

只是，安安喜爱贴纸的程度，也造成了妈妈的某些"困扰"——这种状况特别容易发生在游乐区、文具店以及大卖场。因为安安只要看到哪里有卖她喜欢的贴纸，就会赖在那个商品柜前不肯离去，两只手拼命地抓着她喜欢的贴纸："要，要，要……"

"安安，放手，你已经有太多贴纸了。"妈妈常常试图阻止这种行为。

"要，要，要……"安安懂的语言不多，但遇到贴纸时大喊的"要"倒是十分清楚有力。

"放手！"
"要！"
"放手！"
"我要！"

这几乎成了每逛一次街，必定发生的问题。

孩子小，世上的一切对他们而言总是充满新奇的，孩子面对新事物，也会出现许多"想要"。有些父母在孩子想要的时候，总是希望能尽可能多地给孩子他所想要的；因为孩子"得到"时的笑容与表情，常常让父母觉得"太可爱了"且"珍贵不已"。为了这种笑容，父母亲似乎可以付出一切。

不过，因为孩子活在一个真实、现实的环境与世界里，当他们有朝一日脱离父母亲的羽翼，必然要去体会"想要的，不见得能得到"，世上有太多东西是无法用金钱或人为控制因素完成的。所以当孩子年纪越小的时候，就越要让他们学习以一颗"愿意放手"的心去面对事物，这无疑会帮助孩子形成更强的抗挫折能力。

孩子可能这样想

★ 想要："瞬间"与"持续"的差别

新的、有趣的玩意儿，孩子对它产生兴趣是正常的——这种"想要"存在于"瞬间"，但唯有"持续想要"才能营造出发自内在的快乐。

这两种"想要"该如何辨别呢？拿逛大卖场为例，倘若今天是孩子的生日，父母想让她挑选自己喜欢的礼物，孩子可能在逛到第一个商品柜时就开始说："我要这个。"然后拿着不放。有许多父母会在这时赶紧阻止他（特别是我们觉得那礼物不怎么样的时候），但因为"瞬间的想要"是会被另一个"瞬间的想要"给取代的，所以我们可以鼓励孩子想一想，让他向后看看，后头还有好长的一大排、不知道里头有什么东西，现在决定也许太早，但不一定要强迫孩子"马上放下"那个物品——即使你觉得太贵、太危险、太不实用，也要尊重孩子"当时的想要"，而不用太快担心他等一下无法把这个东西放下。

因为等到孩子看得越多，他手上可能会拿越多物品（家长在过程中当然可以把自己的意见放进去做引导），等他拿不动的时候，自然会放掉一些物品。当孩子整个逛完了，还拿在手上的东西，就有"持续想要"的空间；但最后的决定，仍然可以是父母亲和孩子共同以"现实的条件分析"为考虑所做的。例如，孩子选了一个很贵的物品，你可以告诉他："这个不行，因为买这个东西的钱够喝一百瓶养乐多呢！"

⭐ 得到："兴奋"与"快乐"的差别

孩子得到他喜欢的东西，常常会有高昂开心的情绪。有些孩子处于极度兴奋状态的时候，所有外在的一切似乎都无法表达他此刻满溢的情绪，于是乎，孩子就会一直尖叫："啊——啊——啊——"虽然这时候不是哭闹的尖叫，而是高兴的尖叫，但只要是接触过孩子的人就会知道，不管哪一种尖叫，只要尖叫声持续传输三十分钟到一小时，就会令人的思绪开始紊乱、心情开始烦躁。更糟的是，孩子的尖叫声还会带动其他兄弟姊妹的尖叫——当两个小孩一起尖叫……啧啧。

发现孩子这样的状况时，家长要先庆幸：这是一个正常的、会因为外在事物而兴奋不已的孩子。但也得意识到，这种狂喜不已的表现是因为外在事物、环境、氛围而起的"兴奋"，不能算是真正由内而发的"快乐"。

说得再清楚一点：一个"狂喜、兴奋"的孩子，通常是因为外在所发生的快感；而一个"快乐"的孩子，则是从内散发的满足。最容易辨识的特征，就是前者常伴随尖叫声和跑跳的行为，后者则是一种淡定的微笑和迫不及待的分享。所以当我们要协助孩子面对"想要的，不一定可以得到"，就得要先转化他们这种"得到的狂喜"为"得到的快乐"，孩子才能真正去体会"拥有"的内涵。

家长可以这样做

⭐ 把"兴奋"转为"快乐"、"失落"转为"失望"

在我养育两个孩子的七年里，我们都在尝试做一件事情：把"兴奋"转为"快乐"，让外在的获得转化为内在肯定的拥有与满足。因为，如果"兴奋"的强度可以转为细水长流的"快乐"，就不用担心孩子要面对"强力兴奋受到毁坏"的强烈失落感，孩子才能体会到"这种心里不舒服的感觉"是人生必经的历程。

平时，建立"得到要珍惜的概念"：用孩子能够理解的"具体形象"，来让孩子"体验"得到的感受。例如，当孩子过年得到了一个红包，可以带着孩子去认识那个钞票的长相，让他知道这个红包可以买多少瓶养乐多、这些养乐多可以让他喝多久。

发生时，建立"A 换 B 的概念"：孩子想要 A，得不到是一种失落（或失望）；如果你用 B 来换他的 A，他就只是失去 A，但得到 B。例如：孩子很喜欢贴纸，父母亲出去逛街时可以带一些贴纸在身上，当孩子吵着要买外面的贴纸，父母亲可以拿原本带出来的贴纸，和孩子换他想要的那个。这种"A 换 B 的概念"，不单单是转移孩子的注意力，也是提醒孩子他已经拥有了。

这些不能说或做

* 总是硬把孩子手上的东西拿走。（可以拿走，但不能总是这样，否则孩子就没有进步，而总是觉得被剥夺。）

* 孩子想要就给他。（孩子遭遇的挫折太少，之后遇到被剥夺的感觉时，就会一下产生太大的失落感。）

♥♥ 我要自己做

建立孩子可为与不可为的安全意识

妈妈煮饭的时候，三个宝贝都喜欢围绕在旁边观看。

大姐欣欣带头。当妈妈开始煮饭的时候，她会帮弟弟妹妹拎来两张椅子，排排站在厨房边，看着妈妈打蛋、洗菜、点火……

孩子喜欢跟着父母亲做事情，自然是件好事。可厨房是个水火不长眼的地方，每看到三宝的这种举动，妈妈就忍不住要说："去去

67

去，不要挡在这里。""很烫！危险！走开！"

有的时候，三宝甚至看出兴趣，想要插手帮忙："妈妈，我也要打蛋。""妈妈，我也要。"

这到底是该高兴孩子自主、对事物充满兴趣？还是该担心孩子太大胆、缺乏安全意识？

孩子成长的过程，原本就是一个意识到"我"和"你"是两个不同的个体，并且学习平衡这两者的过程。所以这当中充满了"可为"（我想做）与"不可为"（你不让我做）的冲突议题——但这却也是一个很好的机会，帮助孩子真正长大，懂得给予自己规范，他们未来就会有控制冲动的能力。

所以，这个"我到底可不可以？"——不只是一个亲子沟通的历程，更是一个学习情绪调节的重要关卡。

孩子可能这样想

⭐ 哭喊是原始的表达与求救信号

尽管有一些抚养孩子的基本原则，每个孩子仍然有他自己的需要。在法国，亲职教养专家们曾经讨论过一个问题：母亲喂奶，是不是必须三小时喂一次？还是只要孩子需要就喂？当时有两派不同的观点，一派主张严格地遵照三小时喂一次（大部分是教育学者）；反对的那一方则认为在孩子真正需要的时候才应喂奶（大部分是心理学家）。

也就是说，心理学通常会主张（特别是重视个体与关系的深度心理学）：我们必须要注意孩子的喊声、哭叫声，并从中去了解他们在呼喊什么？比如说，孩子会哭叫，可能是因为他们正在高兴，而不一定是痛苦或者肚子饿了。母亲总要从经验中去学习"区分孩子的哭喊"是正常的哭喊还是孩子生病了——这是一种原始母性的经验法则。

但更重要的是，孩子在哭喊的时候，我们不应该觉得焦虑，而是要去理解孩子究竟需要什么？才能进一步尊重孩子的哭喊，了解这个哭喊具有指示孩子状态的作用，孩子也才能利用这个哭声来表达他生存的需要。在孩子的这种表达与母性的回应中，构筑起一种正向的母婴关系——这是孩子建立安全界限的基础。因为在这过程中，孩子会了解：母亲有能力站在自己的立场思考问题，他们就会信任与听从这个人"为我"所建立的安全界限。

所以，理论上来说，父母都会有一些能力去忍受孩子的哭喊（也就是不会让孩子的哭喊给逼疯），并从哭喊中学习到响应和安抚的方式；但有些时候父母自己也遇到了某些人生的问题，就无法忍受孩子的哭喊。因此，心理学家观察到一种现象：有些孩子"太聪明了""哭喊不够"，或者有时不愿意哭出来，可能是因为担心父母会有不好的反应，或引起父母的不高兴。

⭐ 求救信号失灵，界线也跟着难以建立

心理学主张，父母要允许十个月至十五个月大的孩子破坏一些东西——当然，要避免他做威胁到自己安全的行为。这种"破坏的允许"会带给孩子一种快乐。所以，父母必须尊重孩子某些主动性的行

为——比如说，给孩子一个玩具，他自己想怎么玩就怎么玩，即使他会弄坏，那也是他要学习承受的。

只是，当孩子开始走路之后，大人常常会给他划定一个界线；这个界线随着每个大人的紧张又有所不同：有些人就是不能容许孩子往高处爬——即使他没有跌倒，但这很可能会导致孩子的"退化"，孩子就不会那么干脆而痛快地去探索了。所以，每当我们要让孩子停下来，都应该有一个语言上的解释，而不是只有"我就是要你这样做"。特别是，如果碰到孩子任性、发脾气的时候，大人其实不应该阻止他，而是应该让他表达，因为孩子正在处理自己内心的冲突。

比如说，一个不能爬上椅子的孩子在发脾气，他其实是在对自己的无能生气；如果大人不懂，就可能帮着孩子爬上去，孩子就更生气了（因为孩子会觉得自己更无能）。也有些大人可能会误会，以为孩子的脾气是在反对他，或对孩子的生气感到生气，就可能出言对孩子说："你真的很皮，你这样不乖。"（冤枉啊！大人，孩子只是在处理自己内心的冲突而已）。在这种情况下，成人和孩子中间就有了一种解不开的误会——而这些都会干扰我们帮孩子建立安全界限的"信任基础"。

家长可以这样做

★ 建立信任基础

要建立孩子的安全意识，孩子必须要先信任：这个帮他建立安全意识的人，是以他的立场为出发点的。否则，孩子就只是"服从"而已，并不真正懂得这是为了什么。所以如果家长们发现，当你要孩子远离某些危险，他总是不肯听，除了是因为孩子年幼、调皮，也可能是因为这个安全的信任基础尚未建立，孩子不懂这些"禁止"的背后是什么，他们就需要时时刻刻被叮咛着。

如果发现自己的孩子有这样的现象，最简单的做法是：

尊重孩子的自发性行为，让他充分地放胆去做。只要他不把自己陷入大危险，就算跌跤也无妨。

找其他成年人讨论自己对孩子的安全规范。多听听其他人对孩子的"放手程度"，从中发现自己的规范是否太严谨，而限制了孩子的主动性。

⭐ 以语言进行协助

要帮助孩子建立安全意识，最好的方法是"使用语言"，而不是"出手相助"。例如，一个年幼的孩子在爬椅子，如果母亲说："你那么小，爬什么？"并且反复抱着孩子上椅子。那么，即使这个小孩的能力已经足够自己爬了，这个能力却没有机会被看到和验证，而且以后还会不断有类似的事情发生。如果这种事情多了，孩子就不能充分表达自己的想法，变成一个不能主动的个体；于是，孩子可能就无法发展自己的主体性，也没有办法发展他的运动系统和整个心理系统。法国心理学家称之为"被过分保护的孩子"。

但如果在这种情况下，大人是用语言来向孩子说明："小心一点，慢慢地爬，不要那么快。"那么孩子就会慢慢理解，这个举动原来是让大人担心的，但是孩子又懂得母亲对他是有信任感的；最后当他成功地爬上这个椅子，他就会反过头来对母亲产生信任感。即使过程中孩子跌倒了，他也会自己意识到什么样的举动可能是会有危险性的，并且再重新尝试，直到成功为止。

大人使用语言对孩子进行协助，可以有几个层次：

表达担心，原因要清楚："宝贝，厨房有火，你看，这个火很烫，所以这里才会冒烟，你如果不小心烫到会很痛，所以要离远一点。"

表达协助，要兼顾孩子的需求："宝贝，妈妈知道你很想看妈妈煮饭，可是厨房的火很危险，所以你要退到门外面看。可以看，但是要远一点，不然如果锅子掉下来，你一样会烫到，很痛、很危险。"

这些不能说或做

* 总是不让孩子做他想做的事，因为大人觉得很危险。（抑制孩子的自发性，失去亲子之间的安全信任基础）

* 禁止孩子做某些事，却没有说明为什么。（孩子会在自己的需要及父母的需要间，感到冲突）

♥♥ 我要穿这个

面对孩子的固执

前些年，欣欣刚上幼儿园的时候，每天早上总要为了一件事情和妈妈闹得不开心：今天要穿裤子，还是穿裙子？

"妈妈，我要穿这个。"欣欣总是要穿裤子，而且是妈妈觉得很像睡衣的那种裤子，还常常是同一件。

"我觉得你穿这个比较好看。"妈妈总是拿裙子，因为欣欣的表姐送给她很多漂亮的裙子，如果不穿，妈妈觉得很浪费。

"我不要，我要穿这个。"欣欣说——非常坚持。

"不要天天都穿这个，你又不是没有衣服。"虽然知道孩子自己决定就好，可是天天这样，妈妈实在难以忍受。

于是，就为了这裙子还是裤子，妈妈面临了"该权威还是该民主"的挑战。

"固执"如果有理可依、有迹可循，我们或许还可以尝试沟通与澄清；但偏偏孩子常常是"固执无理"（因为孩子还没成熟到可以觉察想法，进一步表达出来），那么沟通起来就非常辛苦。特别当家长们遇到一些——"明明这样对孩子比较好"的状况，更会对孩子的"固执"感到非常无奈，无法一笑置之——如果孩子又是长年如此，更令人忍无可忍，生气的感觉也常常伴随而来。

那么，孩子"固执"的背后，究竟有什么呢？

孩子可能这样想

⭐肛门期的固执反应

孩子从一岁开始，到三岁左右，是心理学上所称的"肛门期"（通过排泄来寻求刺激的快感），也开启了孩子自我控制与反抗父母亲的能力。根据心理学家的观点，因为孩子在这个时期，逐渐能将大小便存放到一定的时间再释放出来（和之前随想随拉大有不同），这个过程就是在学习"忍耐，然后才会得到满足"，也是在学习在适当的时机做适当的事、学习在规范的情况下才能做自己喜欢的事。所以，如果父母在此时的教养方式过于严苛，就可能让孩子自我控制能力变得太僵化，变得太追求完美，否则就感到焦虑不安。

"固执"就是孩子在这个阶段之后学习自我控制而逐渐展现的一种"缺乏弹性"的过渡状态。我用"过渡"来形容，是因为有可能随着年龄的增长，这种"无理的固执"在过了三岁之后就逐渐消失；但若父母在这时老是让孩子与自己处于一种"对立"的状态，这种固执就可能持续很久。

其中，外显的对立（父母说A，孩子要B，僵持不下）可能让孩子执着于这种"固执"，内隐的对立（父母说A，孩子表面说好，私下偷偷要B）则可能让孩子把那种焦虑的张力，转化到某些他可以控制的"固执"上——例如，一定要把棉被在身上盖得"非常整齐"，孩子才肯睡觉。

家长可以这样做

⭐ 反向思考：孩子越固执，我越要放手

依照物理原则：施力越大、反作用力越大。这个现象在心理上也存在：当我感受到哪里来了几分的紧张程度，我常常就要回给他几分紧张。

这就是为什么孩子的固执常常会引发父母的固执，到最后变成

一种对立的状态——因为，双方的心理紧张度在这个过程中被彼此激起来了。

如果我们了解这样的现象，其实就会发现：最好的处理方法就是有人先放手。而这个放手的人如果是"孩子"，常常出现在下列的状况中：用威权来强迫他放手。但在这之后，很多父母会觉得更受挫折，因为父母往往希望孩子能主动、开心地放手。所以，父母亲能在一个框架中，适时地放手，对孩子来说就变得特别重要：

以退为进：父母能先放手、不坚持，让出空间给孩子思考：这真的是我想要的吗？

公平原则：父母先放手，不代表父母要放弃自己的想法。当孩子这一刻坚持了自己的想法，公平起见，可以和孩子说好下一次要换成遵从父母的想法。例如说："宝贝，不然今天穿裤子，可是明天要穿裙子。不然整柜裙子都没有穿，很浪费。"

二选一原则：孩子固执，常常是要坚守自己的主控权和自由。父母如果看得到这一点，就要创造"能提供孩子自由的情境"。例如说："宝贝，你不能天天都这样穿同样的裤子，你要穿裤子可以，可是要在这两件当中选一件。"

这些不能说或做

*强迫孩子一定要照自己的想法。（更容易激发孩子的对抗心，或者激发他长大叛逆期的能量，有一天孩子会把他的权力通通要回来）

我要你帮我做

面对孩子耍赖

　　佑佑从学会吃副食品开始，总是很乖地在妈妈的协助下，快快地把碗里的食物吃完。两岁之后，佑佑开始学习自己动手吃东西；虽然总是掉得满地都是，但他还是很愿意自己动手。

　　没想到，前阵子爸爸和妈妈要出国，把佑佑送回奶奶家；才过几个礼拜的时间，妈妈把佑佑带回台北，却发现佑佑不肯自己吃饭了！

"我要妈妈喂。"饭桌上，佑佑这么说。

"你明明就会自己吃了，为什么要妈妈喂？"妈妈说。

"我、我要妈妈喂。"佑佑扭动着身体，不肯。

"你自己吃。"妈妈试着要说服佑佑。

"呜！我不要，我要妈妈喂。"佑佑不肯，嘴巴一边发出噪音，一边很坚定地说："我不要自己吃。"

就这样，餐桌上你来我往三十分钟，直到饭菜凉了，佑佑还是一口也没动。

孩子不会做的事情依靠父母，是一种依赖；孩子明明会做的事情还依靠父母，是一种要赖。面对孩子的依赖和偶尔的要赖，父母也许还可以觉得这很可爱；但孩子总是要赖的情况，却考验着父母的耐心和智慧——因为这个过程，往往会影响孩子未来的习惯与性格。

孩子可能这样想

⭐ 从"绝对依赖"到"相对依赖"

当孩子还在情绪发展的最早阶段时，孩子的母亲在"原始母性"的驱动下，常常会沉浸在与小宝贝的"共感"（我们是融合一体的感觉）中；而孩子也绝对依赖着母亲，甚至根本没感觉到母亲在照顾他（因为孩子和母亲是一体，没有你我之分）。

　　这种状况一直延续到孩子有越来越多的独立成长空间时，他们会希望跨出自己的脚步去尝试其他的事物，而这也促使母亲回过头来重新意识到自己的生命和独立性。只是，在心理发展上，孩子从绝对依赖到萌生出"我"的想法，但下一刻又会发现自己对母亲仍然处于依赖状态……接着才在这来来回回的过程中，调整成一种"相对的依赖"（在需要的时候才依赖）——在这个过程中伴随出现的，就是"耍赖"的现象。

　　这种状态可视为孩子处于"我需要你"还是"我其实不需要你"的困惑中，一种对抗内在矛盾感的"叛逆现象"。

⭐ "叛逆小孩"与"自由小孩"

　　在心理学上，探讨了"小孩"的两种表达方式：一是"叛逆小孩"的样子，一是"自由小孩"的模样。自由小孩的表达，往往是"想说什么就说什么，想做什么就做什么"，有一种发自内心的自由度；叛逆小孩的表达，则常常是"为了反对而反对"，有一种缺乏逻辑的叛逆感——我们如果看得更简单一点，前一种表达，可能呈现的是一种内在的"开心"；后一种表达，就是内在的"不太开心"了。

　　也就是说，当孩子在"耍赖"的时候，看起来也许耍赖的是"某一件事情"，但背后在表达和抗议的却"可能是另一件事情"。拿情境里的佑佑来说，本来他会自己吃饭，回奶奶家一趟后却变得不愿自己吃饭。这一方面可能是奶奶会喂他，所以佑佑养成习惯了。

　　然而，依照孩子的适应能力，他们是可以"在A地的时候是一个样子、在B地的时候是一种样子"，并且找到平衡。所以，像佑佑这样

"坚持耍赖"的时候，其实还有可能是为了抚平心里头说不出来的、被送回奶奶家的分离焦虑，以及从奶奶家又被送回来的分离焦虑和重聚焦虑（和父母重聚也是需要再调适的）的复杂感。

家长可以这样做

⭐ 先看懂，再回应

孩子是心里很容易产生焦虑的生物（因为他们真的太小、也太脆弱了），风吹草动都可能引发他们心里的感受，但他们又不见得会表达。所以孩子喜欢听故事、画画、看书、看卡通，都是在用一种抽象的方式解决内在的矛盾与困扰。在这种状况下，父母亲"看懂"孩子在做什么，往往是处理他们行为的关键！

看懂：父母是最了解孩子的人，只是有时候会担心自己想得不对或做错了什么，会影响孩子的一辈子。其实没有这么严重的，当你觉得孩子的行为是出自什么原因（例如，他刚从奶奶家回来，父母就可以合理判断，这个"送走——回来"的过程，孩子的心里可能发生了什么），只需要把这些"想象"化成询问孩子的语言："宝贝，你是不是想奶奶啊？""宝贝，很久没有回家里了，有没有不习惯啊？"孩子就会告诉你答案。

回应：当看懂、询问并确认了孩子的状况，这个对话不是就到此结束了，而是要进一步响应，才能带领孩子去消除成长中必经的焦虑。所以，当我们发现孩子的耍赖是因为某个原因，就要通过一些响应来抵消他耍赖的动机。例如："宝贝，你回奶奶家，有没有很想妈妈？妈妈也好想你！可是爸爸和妈妈有事，所以才让你回奶奶那。你看，这是爸爸妈妈要送给你的礼物。"（重点不是礼物，而是让孩子知道，即使你去忙、把他送走，心里还是有他的。）

这些不能说或做

＊用权力来让孩子屈服："我叫你吃你就吃。"（只处理行为，没有处理孩子耍赖的原因，就白白浪费孩子的耍赖了）

＊用威胁来让孩子屈服："你不给我做，你试试看。"（与孩子的耍赖对抗，耍赖背后的焦虑没有解除，反而使孩子更焦虑或更易引发叛逆）

不要啦！好啦！讨厌啦！

面对孩子缺乏礼貌

（欠揍样）

　　妈妈的好朋友从巴黎旅游回来，给妈妈带了一盒巧克力球。佑佑打开包装吃了一颗，对香甜的滋味欲罢不能。

　　"我还要吃。"连续吃完几颗后，佑佑又伸手要。

　　"一天不能吃太多啊！"妈妈在旁边说。

　　"哼！"佑佑嘟起嘴，生气耍赖地摇着身体。

"不行。"妈妈又说。

"好啦！讨厌！"佑佑气呼呼地，眼睛往上看人。

这是妈妈最不喜欢看到的表情，看起来像是在瞪人、没礼貌的模样。

孩子能不能养成良好的礼仪习惯，相信是许多家长同样关心的问题。过去杂志上曾经做过调查，哪些是"小孩顽皮，大人没有第一时间制止"的前十大无礼的行为？我们从第十名倒回来看，包括：孩子打喷嚏时没有捂住口鼻，活动时不管后面的人就站起来拍照（这句像是在说大人的），公共场合嬉戏打闹太大声，玩游乐器材不守规矩，大人用比孩子还大的音量叫小孩安静（这句也像是在说大人的），用餐后食物掉得满桌却没有收拾，在公车上像猴子一样玩吊环，在车厢里影响别人睡觉，在商店里放任孩子跑来跑去……而最重要的冠军项目，则是放任孩子踢前面座位的椅背。

我仔细看了这些被票选出来的内容，可以想象评分的人一定都遭遇过这些无礼行为；但我想，对家长来说最困难的是，这里头除了少数几项以外，其他几乎都是孩子快乐时就会出现的反应。比如说：讲话大声（有些孩子还会在火车上唱歌呢）、跑来跑去（除非你把他绑着，不然有些孩子就是要一直跑）、打喷嚏时要捂口鼻（早就讲过了、学校也有教，忘记、忘记，就是老忘记）……那么，父母到底该怎么办呢？

其实你会发现，这些被挑出毛病的行为，都是因为"干扰到别人"所引起的。从心理学角度看，与其一直禁止孩子这些行为，不如多增加孩子的同理心；而且，要从家庭里头开始练习。

孩子可能这样想

⭐ 违反快乐原则的行为表达

孩子年纪越小，越不懂什么叫"礼貌"（我指的是"礼貌"这个词语的意思）。所以孩子只能以别人的反应来判断自己还要不要持续这个行为。

因此，当孩子出现的无礼行为是一些没有特定对象的"事件"（例如，跑来跑去、乱打喷嚏、在车上大声唱歌），就只有一个理由：孩子的快乐已经影响了大人的快乐。而孩子会不听从大人的教导，也只是因为很简单的理由：这些教导禁止了他们行使快乐原则，所以他不开心。

⭐ 孩子是家里的镜子

另外一种无礼行为，是针对某些"特定对象"的。例如，对奶奶特别凶、对陌生人不打招呼。这种无礼行为，所反映的则是家庭里的"关系"。

比如说，孩子可能观察到，在整个家庭里面，奶奶的地位好像是特别低的（因为爷爷、爸爸、妈妈都可以对奶奶大声讲话），所以孩子可能就学到一个信念：如果在家里要找一个人胡作非为，那个人应该就是奶奶！

过去很多人说，教孩子有礼貌，大人是不是要先"以身作则"？我认为这个"以身作则"，指的不是"大人要想让孩子对自己有礼貌，自己就要先对孩子有礼貌"，而是当大人要教导孩子"对长辈有礼貌"，大人要"先对长辈有礼貌"。

因为，孩子的行为，就是家庭的镜子。

家长可以这样做

⭐ 同理与建立正向行为：运用游戏与绘本

孩子的很多无礼行为，其实对他们来说，不但不叫"无礼"，还自以为有趣。所以，与其想着花很多力量削弱这些行为，不如提升孩子的正向行为会比较容易。为了双管齐下，让效果更好，家长可以同时采取"增加情境式同理心"和"建立正向行为"的方法，并且将孩子时常接触到的游戏与绘本融入"礼貌教育"里面。

增加情境式同理心：孩子小，感受力强，增加情境式同理心的方法很简单，就是常问孩子："如果遇到这样的事情，你会怎么样？"例如：孩子用眼睛瞪人，你可以回瞪他，问他这样的感觉如何。孩子坐车一直踢前面的椅子，你可以问他："如果坐在后面的人也一直踢你，你会怎么样？"年纪小的孩子可以通过这种情境和体验来增加同理，但如果你是问孩子："如果你是他，你会怎么样？"对他们来讲就太抽象了（因为他真的不是那个人）。

建立正向行为：关于那些孩子必须要知道的礼仪原则，特别是与安全和卫生有关的，就有赖父母把它们变成一个"好的行为"来教——当孩子做到时，鼓励他；当孩子忘记时，提醒他。打喷嚏要用手遮起来就是一个例子，但这也可以又回到情境式同理心的引导，问孩子："如果你被人家喷到鼻涕会怎么样？"

市面上有许多绘本，里头都以故事来引导孩子，家长可以挑选和你所头痛的问题相关的绘本，不厌其烦地和孩子多讲几次，以后孩子再犯的时候，你大可以提醒他说："唉！你又要变成脏脏小公主了！"

倘若没有挑到适合的绘本呢？没关系，就运用孩子现有的玩具和娃娃屋，来编造一个适合他"无礼"议题的故事吧！

这些不能说或做

* "你再这样试试看！"（威胁口气，可能阻止孩子的负向行为，却没办法增加他的正向行为。）

* 帮孩子向旁人道歉。（不是完全不能做，但最好是让孩子自己去面对旁人的眼光，要求孩子自己道歉。）

救命，我好痛

面对孩子的疼痛

这一个礼拜以来，欣欣每晚都喊着肚子痛。

刷牙说肚子痛，吃饭说肚子痛，睡觉说肚子痛，半夜也说肚子痛……

每听她喊一声，"肠病毒升温"的斗大标语就闪进妈妈的脑海里，让妈妈即使是半夜，也忍不住起来检查欣欣的手脚、口腔，看看有没有水泡和破洞。

　　将近一个礼拜过去了，肠病毒的疑虑被感冒的确诊盖过。欣欣肚子痛的喊叫声却还是没有停过。直到这天，妈妈才顿悟："应该是便秘吧？"于是检查口腔的行为转变成哄骗欣欣坐到马桶上。

　　"我不要我不要！屁股会痛痛的。"比检查口腔还难，欣欣整个人的身体缠着妈妈的大腿不放，虽然是个小孩，体重还是很有份量。

　　"妈妈陪你。"妈妈只好把欣欣抱到厕所，用身体环抱着她，让她使力。

　　"我不要我不要！妈妈，好痛。"啊……做妈的最怕听到"痛"这个字了，喊多了妈妈的心会碎。

　　没办法了，妈妈只好和欣欣玩起小游戏。

　　"欣欣的肚子是推土机，妈妈的手是大卡车，推土机来推大卡车，看谁会赢？"妈妈说。

　　真是太神奇了，当推土机推动开始，欣欣再也没有喊过痛。只是揪着一张脸，笑着、又扭曲着的复杂表情……

　　听到水声"咚咚"的，在厕所里的母女俩同时露出了开心又诡异的微笑。

　　"耶！妈妈，我赢了！"

　　面对孩子的疼痛，不知道各位家长有没有过这样的经验？

　　我自己的大女儿，在两岁多的时候，去纪念堂玩，没想到这么空旷的地方，行走奔跑间，她却跌倒撞到地上的石头，当场鲜血直冒，吓得当时还是"新手妈妈"的我，在假日里抱着她直奔医院。

"疼痛"似乎是孩子成长中必然经历的，但仍无法避免一个残酷的事实：疼在儿身，痛在娘心。我们该如何面对以及帮助孩子面对这些疼痛呢？

孩子可能这样想

⭐ 心理上的"怕"，会加重生理上的"痛"

孩子受伤，对这么年幼的他们来说，当然是一件很痛的事情。但我想大家都能理解，"心理会影响一个人的生理"，所以孩子如果能轻松地面对"疼痛"，他们实际上就不会感觉到有那么痛了。

这就是为什么孩子很痛的时候，总是需要大人的安慰。大人的安抚，能够帮助孩子在疼痛中感觉"轻松"，那个受伤的"害怕感下降"，孩子就觉得那个疼痛仿佛好一点了。

⭐ 夹杂想象，就会"痛上加痛"

孩子在疼痛的当下，总会有个奇怪想法：这个痛会一直痛，不会好了。也就是说，孩子为了疼痛的哭声里，只有大约五成左右是真正因为那个"疼痛本身"，其余的则是一种想象和心理哀悼。

因为这些想象的成分存在，父母就更要去评估孩子目前"真正的状态"是什么？不要被孩子的大哭吓到，以为他真的痛成这样；因为这种"以为的想象"，会强化父母对孩子的担心，进一步让这种氛围弥漫到孩子身上，孩子就更痛了。

家长可以这样做

⭐ **先做安抚，再求勇敢**

安抚孩子的疼痛是件不容易的事情——因为我们常常也会为孩子的痛而感到心疼，搞不好比孩子更伤心。只是，痛都已经痛了，孩子和父母不管如何，也只能面对，但又不能冷血地从疼痛一开始，就要求孩子要勇敢，这样孩子委屈的情绪就无处可去。因此，在孩子疼痛的开始，父母除了冷静地先给予轻声安慰、肢体安抚外，另外还有一个很有用的做法：

对孩子分享自己身上的旧伤：除非极度幸运，不然父母自己的身上也会有或多或少的旧伤痕。和孩子分享自己疼痛的经验，不但有助转移孩子对疼痛的注意，也可以让他们了解"原来爸爸妈妈也是这样走过来的，那我一定可以"。

⭐ **把疼痛具体化，变成可以打倒的物品**

在心理学中，有一种叫做"外化"的技巧：指的是把人的一些内在感受或说不出口的表达，变成一种"实际的人、事、物"。例如："疼痛是一个怪兽，我们来练习把它打倒！"这是一种以"游戏般的态度"，来帮助孩子转化疼痛与挫折的做法：

这个疼痛像什么：宝贝，很痛对不对？这是因为你跌倒了，所以这里（指伤口）就多了一个小怪物，小怪物让你流血了，所以就会痛痛。

我陪你一起对对付他：宝贝，妈妈帮你把小怪物盖起来（可以帮

90

孩子盖个创可贴）。

　　对年幼的小孩来说，这些游戏的对话不单能帮他们对抗疼痛，更重要的是，在这种亲子互动中，他们会真正学习到"勇敢"，以及"小心"。

这些不能说或做

＊ "不要哭，你要勇敢。"（禁止孩子哀悼疼痛，孩子的痛会找不到出口。）

＊ "啊！宝贝，怎么会这样？啊啊！你不要动，你不要动！"（比孩子还紧张，会放大孩子的痛。）

♥♥ 我不要玩这个，我不喜欢吃这个

鼓励孩子尝试新事物

农历年前，妈妈帮三宝报名了一个"绘本故事屋"的活动，主题是财神爷爷的故事。才艺班的老师说，会有财神爷爷的大型玩偶在现场作戏剧演出，欣欣和佑佑都期待极了。

倒是小妹安安是第一次参加这种活动。在报名前，妈妈有些担心地跟老师说："老师，安安的个性有些内向，行吗？"

老师拍着胸脯保证："妈妈放心，这个活动啊！孩子一定会喜欢的，财神长得很可爱，还会发糖果，小朋友一定很喜欢的。"

活动当天，妈妈开心地带着三宝去听"财神爷爷"的故事。安安看到这么多不认识的小朋友，黏着妈妈不放。好不容易等到安安有些松懈了，准备往地上爬的时候，财神爷爷出来了……

那是一个里头有人扮演的大型玩偶，晃着巨大的身躯、提着小朋友最爱的糖果篮出来。小朋友开心地涌上去，只有安安……

"啊！不要，不要。不要来，不要来。"安安大哭了。

看到财神爷爷走出来，安安本来要往地上爬的小腿又缩了回去，整个人往妈妈身上挤。

"我要回家！"安安大声说。

对年幼的孩子来说，愿意探索环境的心情特别重要——这不单是孩子愿意尝试新事物的开始，也是他们未来学习的动力。

如果家长们想要了解孩子探索新事物的态度，可以观察一个状况：当你带孩子到一个陌生的地方，你放手让他走出去以后，他是否会愿意往前走？也许他走到一半会回过头来看看你，但当你对他微笑之后，他也会微笑地继续往前走。

如果答案是肯定的，就证明是愿意探索的孩子——他们的心理上有一种相信，认为即使自己踏出向外的脚步，父母也会在某个地方等待他们。

然而，当孩子缺乏对父母这样的相信时，他们的探索阶段容易充满困难与矛盾。

孩子可能这样想

⭐ 探索期的压抑

孩子从出生开始，就面临许多外界的刺激，并且在不同时期需要通过不同的方式来进行探索。一岁前的孩子，满足刺激的部位在口腔——拿到什么东西总要往嘴巴里放。三岁前的孩子，会出现许多父母不能理解的"行为"与"想法"，例如，他们会想要仔细地看着自己的大便，甚至在公共场合袭击老奶奶的胸部……因为这样的状况，让孩子与父母之间，不知不觉产生了许多理解上的"代沟"——父母亲不理解这是成长中正常的行为（所谓正常，就是过了那个年纪自然会慢慢消失），而出现惊讶或责备等反应。

孩子在这个过程中，就可能以"坏的印象"标记自己自然的冲动，对于环境的探索产生心理上的畏缩……而这种状况无法解决时，往往会出现像上述情境这种退缩性的行为。

⭐ 过度保护与安全感的议题

身为父母，总会本能地去保护孩子。所以在许多研究上发现，有些先天性疾病的孩子容易引起父母的过度关注与保护；还有其他许多情形，则与父母亲自己的成长经验相关，让他们对孩子总是亦步亦趋地"照料着""看着"（特别是自己也在严谨环境下长大的父母）。孩子被照顾得好虽然能很安全，可能连跌跤的经验都不多，但却会抑制孩子探索环境的心，也会抑制孩子求取新知的冒险冲动。

不同于安全感充足的孩子，不愿意向外探索的孩子心理上有种想

法：总觉得父母亲会突然"消失不见"。这种说法可能会引起许多家长的困惑甚至挫折："没有啊！我常常和孩子在一起啊！孩子为何还会这样？"

其实刚刚已经谈到了，孩子的世界虽然单纯，但又因为语言的贫瘠，让他们很难去表达或澄清某些感受，他们的想象世界就容易变成一种"扭曲过的单纯"（所以孩子常有一些大人会觉得他们怎么会这么想的"想法"）。我从与儿童家庭工作的经验中发现，这种状况并不一定出自父母的缺席或疏离，反而是因为父母亲一直在照顾孩子，却没有好好和孩子谈爱、做眼神接触、拥抱，及其他的情感交流。在这种情况下，孩子虽然知道父母关心他，却"不知道"父母爱他；或者，"理智上"知道父母爱他，却"感受不到"父母爱他。

家长可以这样做

⭐ 创造孩子与周遭人、事、物的关联性

对于孩子对周遭人事物的退缩及不愿尝试，父母与其不断告诉他"这样不对！这样不行！"不如反过来创造孩子愿意接触周遭人、事、物的"动力"。我们先前已经谈过，这种状况可能来自于"孩子和父母的情感连结（关联性）"不强，所以为了创造孩子的动机，自然以"关联性"的概念着手。其中包括：

父母与孩子的关联性：孩子对父母有兴趣、父母可以响应孩子的兴趣——是孩子对其他人、事、物发展出动机的前提。所以不管孩子现在几岁，响应孩子对父母的兴趣永远是最重要的。实际做法不外乎"孩子和你说话时要看着他""孩子靠近你身边时要抚摸他、拥抱

他"；可以听得懂故事的孩子，"适时让他知道父母的相识过程、家庭里的故事"……而且这些亲子互动将永远不嫌多、不嫌晚。

孩子与周遭事物的关联性：孩子不喜欢某项新的东西，往往是因为这样东西和他没关系，他也没兴趣——所以要打破这样的现象，十分可行的做法就是"让孩子知道他为什么要做这件事"。例如，孩子时常不愿意吃的青菜，父母可以让孩子知道，青菜对他的身体有什么功用："胡萝卜可以让眼睛看得更清楚，看完卡通眼睛就不会太酸"；"青菜的纤维可以让肠胃动起来（你还可以伸手摸摸孩子的肚子），你就不会常常肚子痛"；甚至可以带着孩子去看农夫种田，了解稻米是如何产生的……当孩子"体验了这些新事物"，自然就"愿意尝试这些新事物"了。

这些不能说或做

＊总是抱着"如果孩子不想做，那就算了"的心态。（没有机会了解孩子是"不想尝试"还是"不喜欢"）

＊强迫孩子去做。（可能养成孩子"被强迫才会去做"的习惯）

我不会，这好难

面对孩子容易放弃

新学期，欣欣带回了老师发的一张"才艺通知单"，有韵律、画画、黏土、点心、乐高、科学……好多好多才艺活动可以选择。

"欣欣，你想要学什么？"妈妈问。

"嗯……我不知道。"欣欣听了这么多选择，很犹豫。

"学跳舞？"妈妈又问。

"嗯……我不会。"欣欣说。

"不会才要学啊！"妈妈说。

"可是我不会。"欣欣又说。

"不然，乐高呢？"妈妈再问。

"嗯……那是什么？我不会。"欣欣又说。

"就是把很多积木排起来呀！很好玩的。"妈妈鼓励欣欣。

"我不敢，好难啊！"欣欣低头说。

看着欣欣好像每一样都想放弃，妈妈忍不住一直要鼓励她。于是，好好的才艺班选择，就这样变成一场"说服大会"了。

孩子的"不敢"，会表现在很多层面。小小孩的"不敢"，会让他们不敢尝试许多"明明无危险性"的人、事、物；而大一点的小孩呢？这些事物对他们来说已经不是非常陌生，但他们却很容易退缩。从心理学角度来看，这已经跨越了"不敢尝试"，到了一种比较倾向于"消极"的心理状态：未战而先放弃。

要鼓励孩子改变这种"容易放弃"的状态，父母除了要先了解背后的原因，还要帮助孩子建立"成功的想象"。

孩子可能这样想

★ 自主性的挫折：罪恶感与退缩

心理学上的"肛门期"，发生在孩子大约一岁的阶段，孩子此时会通过对排泄物的自我控制，来完成"做自己主人"的感受与能力。这个阶段的孩子有一个很明显的特征：凡事都有自己的看法，或者常常喜欢自己做或决定某些事。

例如，有些小男生在这个时期看到爸爸系着皮带，就跟你说他也一定要穿有皮带的裤子，殊不知这种刚学会"尿尿要说"的阶段，系皮带是一件很麻烦的事情——要上厕所时解皮带来不及就可能会尿在裤子上。倘若，这个时候大人的反应是："你看看，早就叫你不要穿这种裤子了吧！活该。"孩子的自主性就会受到挫折，他们有自己的想法，却又因这个想法而受挫，加上大人的责难，就会开始萌生"我的想法会害人"的罪恶感；这可能让孩子不再敢有那么多天马行空的想象和作为，也会变得比较容易退缩。做起事来自然绑手绑脚，一旦有挫折感"即将降临"，就先举手投降了！

⭐ 肛门期的自我放弃

孩子的情绪也会随着年龄的增长而发展得更成熟（其实就是情绪变得更复杂、更难理解）。大家不妨想想，我们因为语言学习够了，所以老师曾经教过我们如何定义"忌妒""输不起""做不到"……可是对孩子来说，这通通都是很难被表达、被定义的一种"不舒服感"而已。

既然孩子讲不出来，那么对他们来说，最好的方式当然就是不要面对这些，所以只要任何情境让他们感受到危险的存在，他们不如都不要去做，就不会受伤害。这种孩子最典型的状况是：完全服从于父母帮他们安排的事情、完全仰赖父母亲对他们的帮忙。只是，被安排好了、被帮忙多了，其实是孩子一种不敢面对的放弃感。

所以家长们知道吗？这个时期，孩子们所爱听的童话故事，就具有帮孩子"整合挫败感"的功能。比如说：童话故事《灰姑娘》里头，有一对忌妒灰姑娘美貌的后母和坏姐姐，但这些人后来都受到了惩罚——这种故事孩子听了会很高兴，不是因为故事多好听，而是因为"忌妒感"被打败了，孩子可以重新做回那个美好的自己。也就是说，当家长们听到孩子从童话故事里学到了某些议题，还要回过头来帮助孩子，把这些"虚拟的想象"与"真实的他"做连结，和孩子一起进行思考。当他们遇到这些不舒服情绪时应该怎么办？孩子就不需要总是用"放弃"来加以面对。例如，和孩子讨论：坏姐姐会忌妒坏姑娘，孩子知不知道忌妒的感觉是什么呢？孩子平常是否也会对某些人产生这种感觉？有这种感觉的时候孩子都该怎么办？

家长可以这样做

★ 善用"皮格马利翁效应"：引导想象，孩子就成了那个想象

心理学里头有一种"环境疗愈"的观点：认为每个人都有与生俱来的潜能，只要在满足内在需要的环境下生长，获得良好的互动与响应，人们就能充分运用内在的资源、朝向自我实现。就像那埋在土里的种子，只要给予适当的养分和空气，它的根就会往土里扎得很深，而它的茎和叶子则是昂头地朝阳光的方向生长。

我曾经遇过一个朋友，她在拿到博士学位的庆功宴上，说了一句令人跌破眼镜的话："我要感谢我的小学老师，因为他小时候说我'捡角'了，我才会努力到今天。"

"捡角"是一句闽南语，形容"这个人没有用"的样子。那么，为什么这个朋友要这么奇怪，感谢有人用这句话骂他呢？

原来，这个朋友是听不懂闽南语的。她刚上小学一年级的时候，因为没办法完整地念出一段课文，一度被判定为学习能力迟缓；加上各科成绩怎么考都是满江红，所有任课老师看到她都摇头叹气，偏偏

她连体育、音乐等才艺课程都不太行，于是大家对他的评语就是："世界上怎么会有这样头脑简单、四肢也不发达的孩子？"

某一次的小考过后，这位朋友照惯例拿了一片惨不忍睹的成绩。谁知，导师却在放学后唤她过来，用一口当时不被允许说的闽南语，微笑且慈爱地对她说了一段话……详细内容是什么她已经记不起来了，只依稀记得老师温柔地抚着她的头，说："你真的是捡角啊（闽南语）……"

这个朋友是个标准的外省人，闽南语一点都不通，压根就不懂老师当时说的话是什么意思；可是深印在她脑海里的，是老师当时的眼神、表情和语气，于是她在那个温柔慈爱的想象中，误会老师是在夸奖她了——她以为"角"是在形容钻石，简直不敢相信老师会用钻石来形容她！

于是这天大的误会就陪伴着她的求学时代，她开始发奋念书、以报师恩，上课时总努力地抄笔记，遇到真的不懂的地方，还硬背下来……就这样一路读到开窍、直攻博士，终于成为一颗闪亮亮的明日"钻石"。

这就是心理学上著名的"皮格马利翁效应"——当你想象自己会成为什么，你就将成为那个样子。

在这样的观点下，我们可以了解：不管孩子过去曾经经历什么、不管孩子多么容易放弃，只要他能重新拥有一段让他感受到滋养、获得鼓励的关系，就有机会在内在充满快乐的温暖下，找到自己的未来道路。

在实际情境中引导孩子想象，发掘孩子的喜欢。例如：带孩子去欣赏儿童舞蹈表演（即使只是在公园看大哥哥、大姐姐跳街舞）、看画展和艺术表演，引导孩子想象，发现孩子的兴趣方向。

　　分享父母的挫折故事，让孩子了解"喜欢的事"不一定要"做得完美"。有些父母会向孩子说一些身心障碍成功人士的故事，但对小孩来说，不如说父母的故事来得有共鸣。因为，当小小孩发现他们心目中如同"神"一般的父母也会犯错时，就会使他们更轻松地面对未来的困难。

这些不能说或做

★误用激将法："这么容易放弃，就是没有用。"（加深孩子的挫折感）

★用亲子关系加以威胁："你这样什么都不敢，真的很不像妈妈的小孩。"（加深孩子的罪恶感）

♥♥可是……可是……

面对孩子找借口

　　欣欣从四岁开始，就被妈妈送到音乐班去学钢琴，上到现在也三年了。

　　钢琴是一种需要练习的才艺，每回老师上完课，总会派一些家庭作业，叮咛孩子们回家要完成。因为妈妈也学钢琴，所以家里摆着一架欣欣随时可以练习的钢琴；只是，不知道是不喜欢，还是回家就贪玩，每当妈妈要欣欣去练习老师教的曲子，欣欣总会说：

　　"妈妈，可是我现在肚子痛，我想大便。"

　　"妈妈，可是我想先洗澡。"

　　"妈妈，可是我肚子饿，我想先喝牛奶。"

就这样"可是""可是""可是"……妈妈不禁感到怀疑：学钢琴，是为了欣欣自己？还是为了妈妈？

前两年，我担任台中市少辅会一系列亲职教育讲座的主谈者，其中一个主题"为了赢在起跑点，爸妈我好累"，正是在谈孩子们在这种"样样要比人强"环境氛围下的压力。那天在场的有家长代表、孩子代表，还有辅导专业人员们，有趣的是，即使大部分的父母亲都觉得自己并没有给孩子课业压力，大部分孩子仍然感觉到自己是被赋予期待的。

有些家长就当场喊冤了："我可没有给孩子压力，是他自己这样想的。"有些比较敢直言的孩子就在嘴里咕哝着说："明明就有。"

这一来一回，两代之间究竟是出了什么问题？怎么会制造出这么多"觉得好累的好学生"呢？而这和孩子的"找借口"有关联吗？

孩子可能这样想

⭐ "满足别人"和"满足自己"之间的张力

研究人类内在阴影的心理学家，常常提到人类在"我们是谁"以及"我们想成为谁"之间的挣扎，这里头夹杂着许多善与恶、生与死、光明与黑暗的二元矛盾。许多时候，我们那么渴望成为那个美好的自己，却又很难一辈子管住内心深处蠢蠢欲动的叛逆。这个隐藏在心底，不为人知的黑暗面，左右着我们的思维、感受和行动，在心理学中被称为"阴影"。

正因为"阴影"的存在，所以一个人不可能只有正向，也不可能永远美好，随着成长的历程，人的心里会逐渐浮现许多丑恶与不美好——而终其一生所盼，则是这内在的丑恶与不美好，能够被周遭亲近的人看见与接纳。这对人的内在所代表的意义，是让那美好与不美好的自己，从分裂与互斥——到合二为一。这个过程，就是人们找回自己的历程。

这个历程其实从孩子年纪很小的时候就开始了：从他们会哭闹、会耍脾气的年岁就开始了。所以，我们在专业工作里，常常看到许多不快乐的"好学生"，他们最辛苦的地方就在于：别人都在花力气整合与寻找自己，他们却要花力气来隐藏某部分不美好的自己。这些孩子大部分都很会看父母的脸色，对别人的一举一动也特别敏感。

而这些孩子，特别容易说"好的，可是……"因为他们一方面想要让别人对他感到满意，一方面又忘不了自己真正的需要。这个"他人"和"自我"间的张力，就形成孩子会"找借口"的最大原因。

家长可以这样做

⭐ 看到孩子借口背后的用意

要处理某个行为，最好的方法总是要先看到这个行为背后的含义。孩子找借口，常常是希望父母不要对自己生气，但有时说出自己真正的感受又不会被接受，比被责骂还受伤，所以就变得越来越不敢想、不想说，甚至不知道怎么说……"找借口"的行为自然就发生了。当父母感觉到孩子在找借口时，不妨先想一想：

孩子找借口是"为什么"？ 也就是孩子的"需要"。例如：孩子是否"不想弹钢琴"？

我对孩子找借口的"感觉是什么"？ 也就是父母面对孩子需要的"反应"。例如，父母会对孩子不想弹钢琴"感到失望"。

把"为什么"和"感觉是什么"组合起来，思考孩子在"怕什么"？ 也就是孩子面对自己"需要"，与父母"反应"的"感受"。例如，孩子怕自己不弹钢琴，父母就会失望。

当你想过这些问题后，就会发现，孩子"找借口"的背后，其实存在许多善意——即使这些善意常常让人感觉很"愚蠢"，但他们却是为了保全"我和你"，保全"我们的关系"。

⭐ 发展出"等待"的"弹性"空间

孩子找借口，其实还反映了一个很重要的问题：孩子无法畅快地说出自己真实的想法。这可能是因为他们觉得："说出来父母不会接受""说出来不会有好下场"，或者"说出来会让人觉得失望"。这时候，我要邀请各位家长来想一想：其实，有时孩子做不到某些事，我们真的会很难接受，很难给出好脸色，很难不失望……但这些感受毕竟是我们大人的。孩子真正的感受是什么？在他找借口的那一刻，我们身为父母的其实已经略知一二了，有时是自己不愿去面对孩子"真正的心意"而已。所以回过头来，家长自己也需要在"孩子与我"之间，找到一个平衡点，并接受他不见得是我想象的样子。于是我们就可以：

直接指出：宝贝，你是不是现在不想弹钢琴？

允许等待：宝贝，那等一下再弹好吗？还是明天再弹？

给予弹性：宝贝，你是不是觉得妈妈很希望你弹钢琴？其实妈妈真的蛮喜欢你弹钢琴的，可是如果你真的弹一阵子了，觉得不喜欢，你还是可以跟妈妈说，好吗？

这些不能说或做

＊不要太果断地判定孩子找借口，就好像是永远都不想做这件事："你是不是根本不想弹钢琴，不然不要学好了。"
（孩子需要时间去感受自己到底喜不喜欢、想不想要）

后记

　　看着欣欣三催四请，才说要弹钢琴就肚子痛、上厕所，不然就肚子饿，好像对练习钢琴一点兴趣也没有，妈妈忍不住把欣欣唤到身边来。

　　"欣欣，肚子还痛吗？"妈妈问。

　　"不痛了。"欣欣回答。

　　"欣欣，妈妈发现，每次要弹钢琴，你就会肚子痛、肚子饿，肚子不舒服。你是不是没有很想去弹钢琴啊？"妈妈又问。

　　"嗯……"欣欣看着妈妈，不太敢说什么的样子。

　　"没关系，妈妈只是问你，你心里想什么就跟妈妈说啊！"妈妈鼓励欣欣表达自己的感受。

　　"嗯……我只是觉得一直弹琴会很无聊。"欣欣小声地说。

　　"你不喜欢弹钢琴吗？"妈妈再问。

　　"嗯……我也不知道！"欣欣说。

　　妈妈站起来，带欣欣到钢琴旁边。

　　"来，你看妈妈弹。"妈妈的手在钢琴上滑动，轻轻松松地弹了欣欣喜欢的《小蜜蜂》。

"哇，妈妈好棒！"欣欣拍拍手，很开心的样子。

"妈妈以前学钢琴的时候，跟你一样，有时候弹起来觉得很无聊。可是有的时候妈妈心情不好，就会自己跑来弹琴。那时妈妈就会觉得很开心，还好我以前有练习，所以我可以想弹就弹啦！"妈妈这么告诉欣欣。

看着欣欣非常专心聆听的模样，妈妈又继续说："妈妈让你学钢琴，就是希望你也可以快快乐乐地弹琴。可是每一件事情，要学会，都是需要练习的，只要你有一点点喜欢，你就要去试试看，但是如果你真的不喜欢，你就跟妈妈说：'妈妈，我不要学了。'我们可以去找其他你喜欢的东西，好吗？"

欣欣点点头，说："妈妈，我现在有点想要练钢琴。"

"真的吗？明天再练也可以的！想练的时候再练。"妈妈说。这是一种"以退为进"的方法。

"我现在就想练。"欣欣很肯定地说。

那个晚上，欣欣自己弹了琴，弹得很认真。

第三篇
暴走爸妈放轻松

如果可以，我们都想当快乐优雅、与孩子无话不谈的父母。

但偏偏，生活中充斥着许多压力，让人紧张焦虑，不由得想对孩子要求严厉。

因为，孩子是我们的宝贝啊！我们怎么能不走在他前面，为他想好未来可能面临的每一步呢？

直到有一天，孩子用他刚学会写字的手，送给我一句写在纸上的"I love you."

我才发现：原来，孩子始终在盼望我的微笑与快乐。

于是我了解到：孩子，为了让你有美好的家庭回忆，我要开始学习——轻松面对你。

为什么你对他比较好？

面对手足竞争意识

　　佑佑两岁的时候，个性十分好动，只要轻轻动动小指头，就可以把妈妈计算机的键盘按钮连根拔起。想要抱他一下，他就劈哩啪啦地撞上妈妈的额头，抱都抱不住。

"不可以的啊！"每当妈妈要制止他一些行为的时候，他会看着妈妈笑。

"弟弟，你坏。"姐姐骂他的时候，他也看着大家笑。

连睡觉前，也要在大床上滚过来滚过去，直到睡着了，才抱得住他安静的小脸。

欣欣六岁了，十分敏感，看着妈妈抱弟弟睡觉、拍弟弟的背，眼眶就红红的了："妈妈，你为什么对弟弟那么温柔？"

真是冤枉啊！妈妈应该对女儿比较温柔才是，佑佑很皮的啊！

"妈妈，你是那么爱弟弟。"

（宝贝欣欣啊！你才最爱弟弟呢，总是那么小心翼翼地帮他换尿布呢！）

于是，妈妈只好抱着欣欣、哄她睡觉。最后，先睡着的是妈妈。

每个曾经有过兄弟姐妹的家长，一定最能了解：家里头不同排行的位置，仿佛天生就不同命。只是，手心也是肉，手背也是肉，等到自己成为父母时才会了解，要让自己生的每个孩子都感到心理平衡，不会为了争夺父母的爱而争风吃醋，简直是件不可能的事。

于是，面对手足竞争问题，并不是要把这个竞争感给"解除"，反而是通过这个机会发现每个孩子的独特性。不同手足排行的不同"命运"，其实会带给孩子不同的生命礼物。

孩子可能这样想

⭐ 又爱又恨是天性

谈起手足竞争，很多家长可能有过类似的经验：怀第二胎的时候，明明已经按照育儿书上说的，让老大能摸摸肚子里的弟弟或妹妹，帮他预备弟妹出生、自己要成为哥哥姐姐的心情，告诉他以后要相亲相爱。孩子也好像都听得懂，会跟肚子里的弟弟或妹妹说话，摸到弟弟或妹妹在肚子里滚来滚去时，会和爸爸妈妈一样兴奋……可是，当弟妹真的出生了，他们却又缠着妈妈，闹得妈妈不能给弟弟妹妹喂奶、看到妈妈抱起小婴儿就哭闹生气。

等到孩子大一点后，更奇怪的事情又发生了：几个孩子间明明上一刻感情还不错，下一刻又突然讨厌对方，再也不要跟他好……这种种的迹象可能让家长头痛不已，到底该怎么做才能让这些同个娘胎出生的宝贝好好相处？

其实，遇到这种状况，家长不用太担心。从心理学的角度来看，尽管孩子们表面上对生育之事一无所知，他们仍然对妈妈子宫里孕育的婴儿有潜意识的幻想。因此，所有的小孩（包括年幼的小孩）都会对年幼及年长的兄弟姐妹产生妒忌感，但这种罪恶感又让他们怀有内疚感——因为"又爱又恨"本就是人的天性——就连我们对另一半可能都会如此。尤其是学龄前的孩子，重要的就是学习：一个人身上，会同时有他"又爱又恨"的特质。因此，有手足的孩子，反而比独生子女有机会更早去面对这些人际关系的复杂氛围。

⭐ 观察孩子的"手足特质"

在心理学上，有一些对于手足排行的研究。例如，排行老大者，可能有"爱管人""爱照顾人"的特质；排行最小的，可能有"不喜欢人家管""自由叛逆"的特质；排行中间的呢，可能就有最像小媳妇的特质，也最容易觉得不公平、不被爱。

了解了这些特质，家长们不妨看看，孩子在出现手足竞争的时候，这些特质也特别容易成为那"压垮骆驼的最后一根稻草"——因为，有某种特质的孩子，通常也会希望别人这样对待他。比如说，一个老大有很"爱照顾人"的特质，所以当他看到大人照顾弟弟妹妹的时候，这种特质就很自然地被唤起，他心里就会想，"你怎么不是照顾我，是照顾他呢？"不知不觉就难过或发脾气了。

家长可以这样做

⭐ 家长的态度："情感"与"对错"并重

因为"手足特质"的存在，我们可以了解，孩子在吃醋的时候，往往是因为看到别人拥有了自己想要的东西；而且这种"想要"，会随着不同手足排行而有所不同。但不管如何，这也告诉我们，在这样手足竞争的意识中，孩子有两个层面的反应需要考虑：

第一是"情感"层面，也就是在和手足的比较心下，觉得自己不如手足受重视，"心情"受伤；

第二是"是非"层面，也就是在和手足的相处之下，觉得对方"做错了"，希望父母站在自己这边。

所以家长如果想解决这样的状况，不能只看"对错"而不问"情感"。不然你就会看到，有些孩子被告诫后，明明知道自己错了，却还是嘟着个嘴，眼神还瞪着兄弟姐妹呢！

其实，光看孩子在与兄弟姊妹吃醋时这老不讲理的模样，我们就可以了解，在手足之间，有时激发他们对彼此的"情感"，可能比像判官一样"论对错"来得有用。例如：

情感面：先告诉孩子你知道他的需要，需要被理解了，才有空间思考。例如，宝贝，妈妈知道你也想要妈妈抱抱。

是非面：引导孩子理解别人的需要，包括你的需要。例如，宝贝，你看妈妈抱弟弟，弟弟是不是很重？那你刚刚一直吵，妈妈是不是会变得很辛苦呢？

⭐ 以大带小，以责任心转化竞争心

我一直觉得，生到第二胎以后，父母是会越来越轻松的——只要父母可以放手，让大一点的孩子可以在弟妹的生活上有所帮忙。例如：老大看着妈妈在喂弟弟妹妹喝奶而吃醋，妈妈可以让孩子帮点小忙——也许是帮忙拿拿奶瓶，或用小手巾帮弟弟妹妹擦嘴。就像孩子喜欢跟娃娃玩角色扮演一样，在这个过程他们会产生与弟弟妹妹的情感连结。

但要特别提到的是，年长的孩子虽然可以帮父母，却不代表他们天生就应该这么做。家长还是要了解，再怎么有责任感、可以帮忙的孩子，终究还是要像个孩子，不要过早就变成"小大人"！

⭐ 手足，不一定要走同一条路

虽然是打同一个娘胎出来的，但每个孩子绝对是独特的。除非两

人的兴趣真的相似，不然我们总会建议父母：让孩子学不同的才艺、不同的专长、走不同的路（当然，还得是孩子喜欢的路）。

手足走不同的路，是因为他们需要有自己的舞台，而不会在同一条路上，大家因为他们是手足而做比较，或者把眼光放在表现亮眼的那一位身上（当然，如果爸妈运气好，小孩表现一样亮眼，那就另当别论）。

因为，我们都希望人家记得的是我们的名字，而不是"某某某的姐姐""某某某的弟弟"——对孩子来说，这才是靠自己的力量走出来的人生。

这些不能说或做

* "你比较大，本来就应该让着弟弟妹妹。"（压抑手足妒忌感，把手足排行变成"原罪"）

* "你这样很小气，你跟他计较做什么呢？"（带有批判意味，会让孩子觉得自己的感受"错了"）

父母无法阻止孩子对手足的又爱又恨，正如同无法阻止孩子对父母的又爱又恨。所以，不批判、不压抑，是帮助孩子整合爱恨的原则。

我打人，但我不一定是错的

调解手足冲突

同一个娘胎生的欣欣和佑佑，有着截然不同的个性。欣欣有耐心，却伴随着"有些唠叨"的特质；佑佑十分开朗，却伴随着"你别管我"的性格。

于是家里常常出现这样的画面……

姐：弟弟，来，姐姐教你。（佑佑专心听了几分钟，开始动来动去。）

姐：你有没有在听啊？姐姐教你要专心听啊！（佑佑坐着的屁股开始不安分地扭动，身体也开始左摇右晃。）

姐：你这样不乖，你要……（佑佑终于忍无可忍，一手朝姐姐的

119

脸挥打下去。）

　　姐：哇(斗大的泪珠滚落)！妈妈，弟弟打我。

　　很多事情，如果我们了解前因脉络，通常就会做出和当下不同的反应。就像家里的孩子们起争执的时候，"被打的那个"常常在父母亲心疼的优势下占了上风，倒霉的就是"把人弄哭的那个"，硬生生成为了泪水底下的牺牲品。

　　家长们，如果你有兄弟姐妹的话，想想和他们一起长大的我们，是如何在朝夕相处的"互相容忍"中走过来的？手足间虽然会一同经历共享的甜蜜与抢夺的狠劲，但如果可以，每个人都希望能和兄弟姐妹和睦共处。

　　只是为何有些手足就是做不到呢？为何手足间就是会出现那么多推陈出新的纷争，令父母措手不及呢？

孩子可能这样想

⭐ 人与人在一起，就是会比较

　　虽然许多人都排斥手足之间的竞争与比较，但这却是一种难以避免的"接近性"原则。手足朝夕相处，比的也许不见得是课业，却眼睁睁地将父母对待自己手足的方式看在眼里。更重要的是，越年幼的小孩，因为模仿力和判断力的不成熟，越容易"以偏概全"，放大父母对别人的好，所以就常常拉大嗓门地说：

　　"妈妈，你怎么给他？"（其实你前一刻才刚拿给另一个孩子）

"妈妈，为什么你牵他的手？"（其实你一手拿东西，只剩一只手，只能顾着比较爱闯祸的那个）

可当他们过了那个比较的瞬间，又自己回复嬉闹游戏——父母对这种手足间的正常反应，有时真的是听听就好，不用太在意；在教导过孩子的是非原则后，除非他们吵到掀了屋顶，不然还是要多相信孩子们处理人际问题的能力。

⭐ 孩子比算命师还会看面相

"没事的孩子不会乱打人"——"攻击"对孩子来说，是一种遇到困难时的直接反应。家长们如果试着去坐在孩子面前与他对看，就会发现，越年幼的孩子所展现出来的表情，越贴近你这个大人内心真实的感受。因为，孩子对父母、对手足、对家庭的气氛，不一定要听到、看到，光用心就能感受得到。

也就是因为这样的道理，我常常觉得，其实孩子比算命师还会看面相。孩子们往往能敏锐地感受到你对他的心情是喜爱、嘲笑还是生气。即使你嘴巴未说，光心里有这种感觉，孩子就能用他的行为来加以反映。所以，有些孩子会出手攻击别人，往往是因为他们感觉到了环境里的威胁性——而我们要做的，就是帮助孩子去判断这个威胁感的真实与否。

家长可以这样做

⭐ 被打的那个，也需要知道自己的问题出在哪里

孩子的世界单纯，自然容易因为简单的道德判断而"得理不饶

人"；所以有些吃了点亏的孩子，常常会哭得欲罢不能。这时，家长们不妨想想那句老话："给孩子鱼吃，不如教孩子如何钓鱼。"此时也是同样的道理："处理孩子被打时的哭泣，不如教他学会保护自己。"就像上述情景中，那个充满耐心却没有选对时机念弟弟的欣欣，也总该学会："宝贝，如果在你已经不想听的时候，弟弟还要你一直听他说，你是不是也会生气？"

打人固然不对，被打的那个也可以找出问题——这就是我们在做家庭工作时经常强调的"循环思考"："A做了某件错事，那到底是谁让A做错事？"在处理两人之间的冲突时，我们看的是两人之间的循环关系，而不是谁做得对、谁做得错。

⭐ 同娘胎生的孩子，不一定要一致对待

对于孩子间的竞争与冲突，家长常常会有一个压力：要分配完美，将这手心和手背的肉顾得刚刚好。谁知道这却造成自己的无奈和压力——因为手心和手背、左手和右手，压根就长得不一样。

所以，家长们听到手足竞争的抱怨，其实只要以同理的态度响应就好："宝贝，我爱你，也爱弟弟。""宝贝，我知道你想要妈妈抱抱，可是你现在已经长得这么高大，妈妈抱不动了，妈妈在你这么小的时候也天天抱你。"却不需要特别强调"我一样爱你们"——因为"爱"这种东西无法论斤计两来衡量。更何况父母也是人，即使偶有差别待遇也很正常，只要心中自有一把尺，孩子就算嘴上抱怨，心里还是懂得父母的爱。

最怕的是，家长一听到孩子嚷着："你不公平"，就往心里去，引发自己怎么也做不好的挫折心。

⭐ 找出最能引发你敏感心的那个孩子

我自己在实际工作中发现，许多家长虽然了解处理手足纷争的原则，却还是常常困在手足大战中感到挫折。

我试着用心理学的角度来解释这个现象：也许，这是因为父母自己在原来的家庭里还未探索或处理完成的议题，会因为你所生的某个孩子，有特别像你的特质，而勾动了你过去的感受和经验。所以，家长们，在处理手足纷争之余，别忘了好好体会自己对于孩子被打、被欺负时的心疼感受。

有时，在孩子身上，我们看到的是自己。

这些不能说或做

*总是为了A孩子，而惩罚B孩子。（冲突次数多了，应该让孩子自己学习调节。）

*让孩子觉得你是为了谁而骂他或惩罚他。（应该是因为他做错事，而不是为了谁。）

手足冲突的最好结果，势必是父母不用再介入、孩子就能自己解决。能解决得了家里的手足冲突，孩子就能解决社会上的人际冲突。

♡♡ 你们为什么对我那么凶？

协助孩子理解大人的情绪

　　佑佑是三宝中唯一一个男孩儿，个性非常好动，似乎总有用不完的活力。

　　这天，妈妈把佑佑从幼儿园带回来后，三宝围在一起吃饭。欣欣和安安都乖乖地自己动手吃，佑佑却两只手在桌上拍来拍去，一边闹着欣欣和安安，妈妈怎么讲也不听。最后，佑佑干脆动手把欣欣和安

安的饭都打翻——饭菜整碟掉到桌下就罢了，佑佑居然还在掉满饭菜
的地板上踩来踩去……

　　"佑佑，不可以。佑佑……"妈妈今天在公司不太顺利，回家
后拖着疲累的身子准备了这顿晚餐，没想到佑佑不按牌理出牌地将妈
妈的努力给毁了。妈妈心里抓狂极了，一边告诉自己要息怒，好好地
和孩子讲道理，一边看着佑佑那不知悔改的脸，心里终于忍耐到了
极限。

　　"啪，啪！"盛怒之下，妈妈气冲冲地拿着棍子往佑佑的屁股
打去。

　　"哇……"佑佑马上大哭了起来。无辜的眼睛里一边掉下整串的
眼泪，一边看着妈妈……

　　妈妈又气、又心疼、又难过，心里不禁想：我做错了吗？

　　不知道各位家长有没有想过这个问题——小孩子，到底可不可
以打？

　　坦白说，我自己生了老大后，也对这个问题感到非常困惑，还不
断去请教同行的意见。为什么呢？我当然知道孩子不乖就要教训，用
讲的他不听，给予适当的惩罚又何妨？然而，在我自己教育孩子以及
在临床工作的经验中，我发现这个问题最困难的其实是：父母如何只
是因为孩子本身的行为而教训他，而不是将自己的情绪投射到对孩子
的教训里头去。

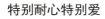

孩子可能这样想

⭐ 父母的情绪，传递给孩子一种"超我"的信息

在心理学中，有一个概念叫作"超我"，指的是一种内在的道德判断标准，也决定着人们如何判断是非对错；一般来说，大约从三岁之前就开始发展。在这个过程中，父母的一举一动往往是孩子超我（也就是道德的我）的来源；所有的命令和禁止信息都会通过超我，从父母传递到孩子身上、传进孩子心坎儿里。

因此，父母亲所订的家庭规则：什么可以做、什么不能做——将引导孩子的价值观。

只是，在有些状况下，某些孩子，你叫他、教他，却叫不动、教不动，父母会觉得很无奈，觉得这个孩子很难教。我们可以从中注意到，有许多时候是因为父母在传递信息的时候，没有配上一致的声音与反应。例如，有些父母在孩子不乖乖吃饭的时候，会用恐吓的语气说："我数到3，你手再离开碗，我要打下去了啊！"可是当数到3后，孩子还是没好好吃饭时，父母可能只是继续大吼而没有真的打下去；或者是打下去的时候配上了恶狠狠的眼神，而不是带有警告的坚定眼神。

对于前一种父母，孩子学到的是：他如果没有乖乖听话，父母就是在那边吼叫而已，自己并不会真的被处罚；后一种父母，孩子则是被父母的情绪吓到，而忘了这个情绪是因为他不听话而来的。

⭐ 重点不是"大人有情绪"，而是"大人如何处理情绪"

我们都希望尽可能地当个好父母——这定义可能是尽量让孩子有

好的未来，并且不要因为我和他的相处而造成他的创伤。我见过许多父母，在"成为好父母"的自我期许下，给了自己非常大的压力；倘若看到孩子哪里不听话，或似乎出现了某些问题，就开始回过头来自我反省。

在这种状况下，我们常常把父母的角色"神化"了：不能随便发脾气，和孩子相处要有活力，处理孩子的心情事务要亲力亲为……这在工作环境高压的现代，即使是家庭主妇和家庭主夫，都很难做到让自己的情绪如此稳定。

所以重点不是"大人不可以有情绪"，而是"大人有情绪的时候如何处理"。父母们不妨想想看，我们是人，孩子也是人，难道我们会希望自己的孩子未来心情不好的时候，还要勉强自己和家人赔笑吗？同样，孩子也舍不得我们如此——所以我们绝对可以对孩子发脾气，甚至可以在孩子不乖的时候打孩子、骂孩子，但最重要的是，你如何让孩子理解这些行为对他的意义，以及你真正要教给他的是什么。

和一个会发脾气的父母在一起，如果孩子不清楚父母的情绪从何而来，可能会产生罪恶感，觉得是自己不好。但如果父母亲在抒发情绪后，能够和孩子讨论、引导孩子表达，亲子的关系反而可能因为这些情绪而变得更真实。

家长可以这样做

★ 检视父母的疑惑

父母亲没办法真实表达自己的情绪，一方面是由于自己的性格较为压抑、周围缺乏关系的支持，或是出自怕情绪会影响孩子的罪恶感。因此，在处理和面对孩子的情绪时，父母可以先检视自己有没有下列的疑惑：

好父母不应该对孩子发脾气？ ——换个角度想，父母需要包容与接受孩子的脾气，当然也需要包容与接受自己的脾气。

打小孩会造成孩子的创伤？ ——换个角度想，所有的处罚只要经过适当的解释与讨论，让孩子知道为何而罚，又何妨？

父母的情绪应该自己学习克制与忍耐？ ——换个角度想，父母的情绪也需要他人的支持，一味克制忍耐只会促成突如其来的情绪爆发。

如果上述的疑惑越多，可以预期的是你会是越容易忍耐、压抑，给自己施加了很大压力的父母。

⭐ 是孩子让我生气，还是我想对孩子生气？

当自己对孩子大发脾气后，席卷而来的常常是父母的罪恶感。这时，不妨先检视一下：刚刚的生气，是因为孩子让我生气？还是我想对孩子生气？

这两者有什么不同呢？"孩子让我生气"显现的是，孩子的某些行为令你难以忍受；"我想对孩子生气"显现的则是，我自己的心情本来就不太好，更因孩子的举动而被触发。

我在这里特别要关注的是"父母的心情不好，所以对孩子发脾气"这件事。这在每个家庭都或多或少会发生——不管是脾气再怎么好的父母，在育儿的过程中都有濒临崩溃的一天。倘若你已经注意到自己的心情影响了对待孩子的方式，不妨尝试下列做法：

理清事实：在发脾气后，把孩子叫过来，问他是否知道刚刚发生了什么事。(通常在事件发生后30分钟内。)

具体说明：具体地告诉孩子，刚刚他哪些行为做错了，所以惹你生气。

表述自己的心情：如果发现自己过度发作，适时告诉孩子，自己今天心情不太好，并依照孩子可以理解的状况，让他稍微知道你心情不好的原因。

促进孩子的同理心：让孩子想想他心情不好时会怎么办，理解父母亲也有自己的难处和心情。

亲子共同讨论：和孩子一起讨论，如果之后心情不好，可以怎么处理。其中包括，你需要孩子当时怎么做，以及孩子需要你做些什么。

这些不能说或做

* 对孩子发脾气后，就陷入自我谴责。（孩子不但不知道你发脾气的原因，还会觉得他让你不快乐。）
* 生气时勉强自己不要发作，还要继续扮演好父母角色。（勉强的状况，更容易因为一点小事而爆发。）

 你们有什么事吗?

协助孩子面对家庭冲突

爸爸和妈妈都是辛苦的上班族，大部分的时候两人总是恩恩爱爱的。只是，工作压力一大的时候，如果只有一人觉得疲惫，另一方还能嘘寒问暖、关怀包容；倘若是两人都工作繁忙、心情不佳，一点点小口角就可以引发轩然大波。

爸爸妈妈之间的冲突，身为老大的欣欣是经历最多的，慢慢地她居然变成了家里的"沟通专家"似的，出现这样的状况……

"你讲话干吗要这样啊？"房间里，妈妈对爸爸口气不佳的态度产生了质疑。

"我又怎么了？我就是这样啊！你不用这样过度激动吧！"爸爸这几天工作压力很大，根本不想和妈妈讨论这无聊的问题。

"我过度激动？是你先开始的耶！你不要对人家讲话那么凶不就没事了？"妈妈心情也好不到哪里去，想起一堆累积的工作就烦，听到老公这种说话口气更烦。

夫妻大战，眼看一触即发……

"嘻嘻。"房间的门突然被轻轻打开了，只见姐姐欣欣领着弟弟佑佑、妹妹安安，探头探脑地出现在房门口。

"嘻嘻。你们有什么事吗？有什么问题吗？"欣欣露出装可爱的小脸，佑佑和安安在旁边跟着念："有什么事吗？有什么事吗？"安安还跌跌撞撞地跑到爸爸身边抱着爸爸的腿："爸爸！"

夫妻俩忍不住露出微笑。却只见欣欣马上转头和弟弟、妹妹说："没事了、没事了，他们还在笑，没有吵架。走吧走吧！"

三个小宝贝就像完成了什么协调任务似的，又自顾自地走出去了。

家长们，如果你仔细观察，会发现："做些什么让大家都好好的"，是许多小小孩的本能。等孩子们长到青少年期呢？他们常常就懒得管你们这些大人想好还是想吵了（虽然很多看起来不在乎的青少年，心里还是十分在意家庭气氛）。

所以，许多心理学研究证实，孩子出生之后，就对周遭的家庭气氛非常敏感——特别是对他非常重要的人之间的关系（尤其是爸爸和妈妈的关系，甚至还有妈妈和奶奶的关系、爷爷和奶奶的关系等）。如果家庭里的成员是能彼此沟通的，那么就容易营造出开放、有情感交流的家庭气氛；而无法沟通、把怒气藏在心里的家庭，则容易出现语言和行动上的不一致。比如说，心情不好的妈妈虽然能勉强自己对孩子挤出笑容，却常用肢体动作来拒绝孩子的靠近——只是，这些真实的情绪往往还是逃不过孩子的法眼。

孩子可能这样想

★ 爸妈吵架，是我的错吗？

人的"超我"运作机制，从还是小孩的时候就开始发生。所谓的"超我"，在心理学中指的是一种人类内心判断是非对错的心理结构。比如说，一个因为打破花瓶而被处罚的小孩，下次再看到花瓶，可能会指着说："不可以、不可以"——这是因为孩子们在生活的经验中，随着做错事情的后果与经验，去建构内在的道德判断标准。

然而，在很多时候，夫妻之间相处的矛盾，特别容易在有了孩子之后更加彰显。例如下面的这个情景：一对夫妻中，先生是很容易放松的，可是太太很容易紧张，所以在假日的时候，太太会希望一起把家里打扫干净，先生则觉得假日就应该好好出去玩。没想到，当夫妻俩还在讨论这个问题的时候，他们的孩子刚好路过身边，被地上的玩具绊倒了，哇哇大哭……太太心疼地过去把孩子抱起来，嘴里可能就念着："你看！我就说要打扫吧！去玩什么啊！"先生可能觉得这是件小事，太太根本是借题发挥，两人就越讲越大声……

这时孩子可能有几个典型的反应：可能跟着哭得更大声（内心感到焦虑），或者没事地就转头去玩，再不然可能拉着妈妈要去旁边玩耍……这些都是孩子在面对外在冲突时最直接的反应。

只是，孩子心里会有一个难以说出口的想法：刚刚是不是我错了？害爸爸妈妈吵架。

⭐ 爸妈吵架，会不会分开？

我在课堂与讲座上和大学生及成年的父母讨论家庭问题时，做过好几次调查，结果发现许多成年人在童年时期都曾经"怀疑"或"担心"自己的父母会因为吵架而离婚（当然，有些是真的离了）。特别的是，我遇过好几次，都是大学生在课堂结束后，会哭着来跟我讨论父母可能会离婚的问题——而他们往往已经担心这个问题好长一段时间了。当孩子们卡在这种"父母是否离异"的问题里，心理上离不开家，外在反应却可能是极端的"与父母更疏远"或"三天两头往家里跑"。

这种"父母离异、家庭破灭"的潜在恐惧，特别容易发生在父母吵架却不曾和孩子讨论或解释状况的孩子身上。而这对孩子未来的影响，除了他们的性格外，还包括他们如何看待异性、亲密关系，以及如何寻找未来的伴侣。比如说，一个虽然不喜欢爸爸大吼的女儿，却可能不自觉地在成长过程中认同、也习惯了爸爸大吼，未来也不自觉地找了一个声音宏亮的另一半，进入可能大吼大叫的婚姻。

家长可以这样做

⭐ 不用刻意对孩子隐瞒家庭的冲突

很多的专家都提倡：大人不要在小孩面前吵架。我十分同意这一点，但也了解，有很多事情不是我们想做就能做得到的——特别是当夫妻明明有所摩擦了，却还要在孩子面前装没事，或者以为太平地过去就不会影响到小孩，殊不知孩子处在冷战、冷漠的气氛中，有时甚至比争吵更来得受伤。

那么到底该怎么办呢？一般来说，我在工作中会看到两种常见的家庭：

父母相爱、但也容易争吵：这种夫妻很确定彼此的爱，却常常因为磨合而吵架、失控时连在孩子面前也会吼叫。这种状况特别需要在吵架过后找孩子来问一问，在他的想法中，刚刚发生了什么？和孩子澄清父母的相爱和吵架是可以并存的，并一起思考以后遇到冲突时可以怎么办？

父母关系冷淡疏远：比起前一种状况对孩子的影响更大一些，因为当孩子感受到父母亲之间缺乏交流，就很容易混淆他们对亲密关系的想象（原来夫妻之间是这么冷漠的）。这种状况特别需要和孩子解释，父母有自己的生活和想法，但不管怎样，父母都很爱他。即使无法成为相爱的夫妻，起码也成为可以合作的父母——但父母的快乐，对孩子而言比什么都重要。

⭐ 依年龄决定讨论深度的"具体法则"

和孩子讨论家庭冲突的时机，用家庭和心理发展的观点来看，大约是在三岁前后——孩子的语言发展能形成完整的句子，也代表他们的思维越来越复杂，可以开始听懂与消化家庭里的事件（两岁以下的孩子，当然还是以尽量不目睹父母激烈争吵为主，不然就是在争吵后要尽快以肢体、声音去安抚孩子）。

在讨论的过程中，有几个很简单的原则，其中包括：

时间不要拖：人的激动情绪，平均大约在30分钟后会自然调节、趋向缓和。因此，当大人心情较缓和后，尽量在冲突事件发生后的三十分钟内，和孩子讨论。

举例要具体：虽然是父母争吵，但我们可以用孩子更熟悉的经验来和他解释（特别是六岁以下的孩子）。例如问孩子：你有时候会不会生弟弟的气啊！那你是不是会很想骂他？妈妈刚刚就很生爸爸的气，所以才会骂爸爸。可是你尽管骂弟弟，还是很爱弟弟对不对？妈妈也一样，虽然我们吵架，妈妈还是很爱爸爸，爸爸也很爱妈妈，我们也都爱你。

所谓的冲突与争吵，并非全无正向的功能；某些具有建设性的争吵，可以让夫妻和家人间更了解彼此。然而，倘若你发现存在于你们家庭中的冲突并没有让关系更好，那么为了孩子，就请让这争吵停止——因为身为父母，我们没有人真的想让自己的一时之快，影响孩子的一辈子！

这些不能说或做

* 默默地让冲突事件过去，以为孩子之后就会忘掉。（孩子不容易忘，反而会为了照顾爸妈的心情而藏在心里）

* 冲动之下和孩子说："你要跟爸爸，还是要跟妈妈？"
（孩子在心理上有保全父母亲位置的需要）

* 为了孩子维持表面和谐，却有天突然和孩子说要离婚了。
（容易让孩子失去对关系的信任感）

❤️❤️为什么大人就可以?

和孩子一起做自己

妈妈是个职业妇女，只要工作压力大的时候，她就喜欢买上一包咸酥鸡和深海鱿鱼，外加一杯珍珠奶茶，然后转到本土电视剧台，看那些可以让人完全放空，就算缺了几集都知道在演什么的连续剧……多惬意啊！

自从陆续怀了三个宝贝后，妈妈为了给胎儿健康的身体，开始戒掉不健康的饮食与生活习惯。只是，随着三宝的活动力增加，妈妈总觉得不管上班、下班，都像在战场上一样忙乱——每当烦躁的感觉一起，妈妈就特别想念咸酥鸡香脆的口感、珍珠奶茶的嚼劲，还有那老套到不行的连续剧。

这天，妈妈好不容易把三宝给哄睡了，悄悄拿出藏在公文包里的咸酥鸡，跨过儿童平台转到本土戏剧台——电视上正演到做尽坏事的A女演员被打巴掌、被车撞……

"妈妈，你在吃什么？好香啊！"正当妈妈聚精会神时，耳边传来欣欣的声音。妈妈转头一看，三个宝贝不知何时都起床了。

"妈妈，我也要吃这个。"最贪吃的佑佑，一只手就伸进了咸酥鸡的袋里。

"打打，打打……"安安指着电视，女演员A正被人一巴掌打下去。

妈妈嘴里的一口鱿鱼还来不及吞下去，一边要收起咸酥鸡，一边要忙着转台……天呀！有了孩子后，妈妈连偶尔吃咸酥鸡的空间都没有了吗？

从很久以前，许多书籍、媒体，都提倡为人父母者"以身作则"的重要性。我看到许多父母亲对"以身作则"的解读是这样的：不想让孩子看电视，父母也跟着不看电视；不想让孩子喝珍珠奶茶，父母也绝不在孩子面前喝珍珠奶茶……在这样的状况下，父母们难免有"养孩子后变得好不自由"的感触。

其实，站在心理学的角度，我较赞成"越是能快乐地做自己的父母，越能教出快乐地做自己的孩子"。当然，这当中有非常需要审慎评估的分寸与原则；但当父母能挣开"被孩子绑住的束缚感"，才是能放手让孩子有"不被绑住的空间感"的前提。

孩子可能这样想

★ 孩子从没想过限制父母的自由

我不知道各位家长听到孩子问："为什么你可以，我不可以？"时，心中的想法和感受是什么？一般来说，我听到的反应大约有几种：

1. 父母人很好，也觉得以身作则重要，所以既然孩子提出这个问题，那我们就一起不做这件事好了。

2. 父母想想，觉得孩子讲的也有道理，但明明我是大人、他是小孩，我干吗要听他的呢？所以跟他说"小孩子，大人的事情少管一点"，照做就是了。

3. 父母觉得，孩子说的也对，自己想要做某些事也对，那就偷偷躲起来做，这样一来，你过你的生活，我过我的日子，咱们谁也不犯谁。

这三种结果，可能分别带来下列的心情：

◆ 第一种，父母和小孩一起没了自由，而且牺牲得不明就理。

◆ 第二种，父母有了自由，孩子却有了委屈，想问不敢问。

◆ 第三种，父母保全了孩子的心情，但心里觉得受到束缚。

其实，依照发展的观点，当儿童开始有语言表达能力时，他的认知思考能力也会不断向前迈进。所以当孩子提出某些问题，那真的是因为他脑中在思考这件事，而不见得是在"吐槽"或"质疑"父母。但父母听到孩子的提问时，很容易和自己当时的心情以及对这件事情的想法交杂在一起，所以我们对孩子会有很多想象，但这往往不是孩子真实的样子。例如，当孩子看到父母在看某些连续剧，而问："为什么你可以看，而我要进房间？"是孩子真的想了解这个状况，而不见得是在质疑你。

✪ 孩子"真实自我"的形成，有待父母"真实自我"的响应

很多父母可能有类似的经验，就是当孩子进入某个年龄后（通常是三岁之后），会特别爱讲话——而且有时还讲得语无伦次，如果你没反应，他还会生气。

在大部分的时候，父母都会觉得孩子这样很可爱，但是当父母亲忙了一天、累得倒在床上，却还要面对孩子这么多问题时，心里难免有些烦躁。

其实，孩子之所以喋喋不休，很多时候是他们在通过这种方式思考、促进大脑中更复杂的认知（在心理学上，我们称之为"放声思考法"）。当这种时候，我可以了解许多父母都知道、也期待自己能给孩子良好的响应，让他们拥有一个有父母充分陪伴的美好童年。

当然，如果父母可以做得到，最好聆听孩子的话、响应孩子的

话——这是处理孩子喋喋不休的最好方法。但如果父母身体不舒服、心情不佳，却还要"勉强"自己挤出笑容，孩子也能感受到这不是真诚且真实的响应。

这些不够真实、不符合心情的回应，事实上会让孩子学到你硬撑的样子；某些进入学龄的孩子，可能还会反过来担心你。在心理学上，我们称这种为"虚伪"的反应（不是骂人的那个"虚伪"，而是和自己心里所想不一致的"虚伪"）——这种非自发性的反应，会压抑孩子的创造性，让孩子变得比较容易看人脸色来决定自己的所作所为，虽然乖巧，你却很难感觉到他发自内心的快乐。

家长可以这样做

⭐ 学习抛开"母性的预设想法"

身为孩子的父母、身为孩子的亲人，我们难免会有一种预设，去想象"孩子需要的是什么"。比如说，当某个孩子出生后五个月就会说话，你可能会觉得他有语文方面的潜能，而想要让他多听一些语言类的CD，结果不知不觉CD越买越多；或者，你觉得孩子不应该吃甜食，所以你就跟着丢掉了家里所有具有糖分的糕点，结果连自己想要偶尔吃点的时候，却发现家里的柜子早就被清空了。

站在心理学的角度，我们把每个孩子都看成是"独特的"。这个独特不光是指他潜能的独特，也包括孩子有他们"独特的"的需求和想法。例如，有些孩子自制力差，适合给他清楚的规矩和原则，或者让他远离对他不好的物品——然而，不代表每个孩子都是这样。有些孩子是启发式的、喜欢辩证思考的，他反而在理解为什么某些东西对他不好后，即使眼睛看到，也会自动远离这些东西。这就是为什么有些孩子只要教，他就可以拒绝陌生人给他的糖果。

所以，从这样的观点来看，我们并不需要时时为孩子去预设、创造对他最好的生活环境；这只会减低他的抗压能力，当他跨出家庭的保护伞后，无法面对外界的诱惑。所以，我鼓励父母，不用特地为了孩子丢掉你的珍珠奶茶和连续剧（除非你是为了自己的身心健康）——孩子得要学习了解，当他到了父母那个年纪、有自己的经济能力与生活后，他必然也能选择他自己所要的。但现在，孩子们就是要在父母的规定和原则下长大（但这个规定要随着孩子的年龄增长而加入讨论与弹性）。

这就是心理学中所提到的"家庭结构"——为了孩子好，父母要对孩子有适当的束缚力，他们才不会爬到大人头上，变得为所欲为。

⭐ 做"足够好的母亲"，而非"完美的母亲"

心理学上用"足够好的母亲"，来形容能抛开"母性预设"、注意孩子需要的父母（请注意，他不是用"完美的母亲"来形容的）。一个足够好的母亲，不单单会注意孩子的独特性和需求，也会注意自己的独特性和需求——所以，我们不需要因为别人都辞掉了工作带小孩，就谴责自己的忙碌让自己疏忽了孩子。所有的父母和孩子，都会在他们独特的成长环境中，找出关系与内在的平衡点。

以上述的情境为例，实际做法包括：

正面响应孩子的所有问题：宝贝，这个叫作咸酥鸡。宝贝，对，电视上那个女生被打了。

建立明确的亲子界线：宝贝，你看，妈妈现在是不是比你高？妈妈以前像你这么小的时候，外公外婆也不会让妈妈吃这个东西，因为这个会害你长不高、长得不健康，等你以后长大了，你再自己决定要不要吃这个，可是妈妈现在不能让你吃，因为要保护你。宝贝，电视上那个女生被打了，因为她做了很多坏事，妈妈现在很累，想好好休息，你也该睡觉了，所以妈妈没办法跟你讲太多，等明天，妈妈再找你看得懂的电视给你看好吗？

不用担心孩子对你建立的规则感到不平等或发出抗议声，所谓民主式的父母、和孩子像朋友般的相处，指的并不是亲子之间的"平等"。事实上，如果年幼的孩子和父母的权力一样大，那世界就大乱了。

孩子的家庭权力是在他们具有自制与自我判断能力后，随着年龄增长慢慢释放的。宁可趁着孩子年幼时管严一点，趁着孩子十二岁前的人格形塑期，让他知是非，也不要等到他成年后让他抱怨："你以前为什么对我那么好，让我没办法适应现实的世界！"

这些不能说或做

＊孩子不可以，大人也跟着不可以。（给孩子过大的家庭权力）

＊禁止孩子做某些事，却没有清楚地告诉他为什么。（压抑孩子的思考，容易引发孩子的叛逆性）

我好棒，你才会爱我吗？

面对孩子的弃养情结

　　每当爸爸妈妈生气的时候，佑佑就会出现很有趣的举动。除了对着父母装可爱、扮鬼脸，还有一招必杀的绝招——露出无辜的眼神，右手轻轻地在自己的脸前面慢慢挥舞，嘴里一边轻声地说："妈妈不要生气，妈妈你不要生气……"

　　看到这样的佑佑，常常让人有再大的火气也发不起来。而每次看到这样的表情，妈妈还会"噗嗤"一声地笑出来，一边摸着佑佑的头："佑佑好可爱，佑佑好棒啊！"然后忍不住把佑佑一把抱过来。

"妈妈，那这样你有很爱我吗？"被妈妈抱在怀里，佑佑用甜甜的童音发问。

"妈妈当然爱你啊！"听佑佑这么问，妈妈愣了一下。

听到妈妈说爱，佑佑又做出了妈妈最喜欢的那个招牌动作："妈妈不要生气，妈妈你不要生气，嘻嘻。妈妈爱我。"

这……佑佑居然在妈妈没有生气的时候，也用这个必杀绝招来讨妈妈欢心了。

不知道各位家长有没有这样的发现：家里头的小小孩，似乎总不知不觉地学会看大人脸色。于是，孩子闹脾气的时候显得很"蛮不讲理"，但有些时候又让人觉得太过懂事了，好像做什么事都为了引起大人的关心和喜爱——到底，这是种什么样的行为呢？

在心理学的研究中，我们发现孩子的成长历程，会有种不顾一切要获得关爱的情结——对于这样的冲动，我们不能带着任何道德标准来加以批判，而理解这是一种理所当然，并协助孩子去面对这种心情，以免孩子过度在意别人的爱与眼光，而感到焦虑和痛苦，加强孩子的心理能力与平衡。

孩子可能这样想

⭐ 幼年期：信任感的起伏阶段

母亲对孩子的重要性，最早源自于哺乳和喂奶的阶段——哺乳和喂奶时，除了满足孩子口腔的刺激，还产生了一个独特的母婴关系，让婴儿在喝奶的过程中，通过与母亲的互动来获得快感——信任感也就因而建立了。

然而，孩子的世界是很起伏的。通过喝奶的顺畅与否、身体的舒服与否，他们会决定世界是否美好、眼前这个人是否值得信任。所以我们会注意到，某些孩子在喝奶时会啃咬妈妈的乳房，这是他们在排遣心里头负向情感的一种行为——倘若母亲没有因而离去，婴儿便知道这个人不管如何都会陪在这里，心里逐渐产生一种稳定感。但在这种稳定感"逐步形成"的过程中，信任感是会起起伏伏的，婴幼儿也会一会儿开心、一会儿生气。

越来越多的妈妈知道了亲喂母乳的重要性，但这也导致许多奶水不够或无法配合的母亲产生了一种潜在的失落感，觉得自己不能给孩子好的成长环境。其实，喂母乳当然好，但这喂奶的过程，最重要的还是"母婴互动"——因此，奶瓶必然要随着母亲出现（所以不管多么忙碌，尽量不要把孩子单独放在床上自己喝奶瓶），孩子才能对人有互动、有想象，然后从中建立信任的心情。

⭐ 信任感决定弃养的想象

信任感不足的孩子，容易有"被弃养的想象"。所谓的信任感"不足"，和信任感"不稳定"不同，前者有明显的信任感缺乏的表征，后者则是幼年时期原本就会起起伏伏出现的"分离焦虑"。

那么，怎么样判断孩子信任感不足呢？可以通过下面的方法来做观察：

孩子会黏在你身边，只要你不在就大哭或大闹，安抚也没有用。（表示孩子可能不信任你会回到他身边。）

你不在孩子身边时，孩子会大哭大闹，当你回到他身边后，他却若无其事。（表示孩子没办法表达真实的情感。）

你不在孩子身边时，孩子会大哭大闹，当你回到他身边后，他会生气地打你或踢你。（表示孩子用矛盾或反向的方式来处理他对你的情感。）

上述的这些指标，心理学上称为"不安全的依附关系"。有些这样的孩子也容易出现咬手指头、咬奶嘴，或喜欢咬人的现象。要处理这样的现象，并不是大家常做的去"阻止"孩子这个行为，而是从增进孩子内在的安全感做起。

家长可以这样做

⭐ 条件式的爱？还是无条件的爱？

大家可以想想，你的心里有没有这样一个人：不管发生什么事，在什么时候或什么情况下，你都知道，也相信，他会永远在那里支持你。

如果有这样的一个人，你一定可以理解，被人这样支持着，心里会有一种深深的稳定感——心理学上称之为"无条件的爱"。

很多人觉得"无条件的爱"是很难做到的一件事——对孩子来说更是如此。那是因为我们的成长过程，与太多的课业和外在表现绑在一起；当我们看到父母因自己的表现而露出满意的笑容，我们实在很难判断父母是因为这个满意而爱我们，还是即使没有这样的表现，他们也会对我们感到如此满意？

所以，"无条件的爱"变得难以令人"感受到"与"体验到"——即使有，也常常是瞬间的感受。那么，对于还没有太强的能力去思考"爱"的孩子来说，就需要父母以"无条件爱的语言"，来帮他们建立信任感与自我肯定。下列几个做法可以提供给大家参考：

把人和行为分开：宝贝，你做这件事情好棒，妈妈觉得很开心。宝贝，你这样做不对，妈妈很生气，可是妈妈还是很爱你，所以妈妈希望你下次不要再这样做了。

以肯定的语言对"人"，警告的语言对"事"：宝贝真的好棒，越来越自动自发了。或者这样，宝贝，你再这样做会让我很生气，你在学校做这件事老师也会生气的。

⭐ 确认、保证、扪心自问

如果孩子真的出现许多缺乏信任的行为，父母也不用太担心——不管孩子几岁，信任感都是可以建立的，只是年纪越大，可能需要花比较长的时间。而面对孩子缺乏信任的表现，可以参考下列的处理原则：

确认：宝贝，你是不是觉得，你要这样做才会让妈妈开心啊？

保证：你这样做妈妈真的觉得你很可爱、很开心，但是不管你有没有这样，妈妈都很爱你，因为你是妈妈的小宝贝啊！

扪心自问：我是否在孩子做得好时表现得太开心了，或者对孩子要求很多（不可以这样、不可以那样）？

其实，所有的孩子都真的不过是孩子而已。在大学的校园里，我听过许多孩子说，即使已经成年，他们都还在等父母说一句："够了，你已经够棒了，不要再那么努力了！"

这些不能说或做

＊孩子做了某些好事，就对着他又抱又亲，说他好棒，但又没解释哪里棒。（孩子不懂自己为何被称赞）

＊孩子做了某些坏事，就威胁说要赶他出去，或说他怎么那么笨，不像自己生的——即使是开玩笑。（孩子会想象自己失去父母的爱）

爸爸妈妈，我不是故意学你的
面对自己在孩子身上的投射

妈妈打姐姐

姐姐打弟弟

在小安安出生前，爸爸、妈妈只有欣欣和佑佑两个宝贝。平日忙着上班的爸爸、妈妈，虽然感情不错，但在某些个性与坚持上还是大不相同。

这天，是连休三天的国定假日前一晚，爸爸、妈妈正在讨论，明天放假的一家人，到底该做些什么……

"老婆，我们很久没有大扫除了。这样吧！明天我们带着孩子一起，把家里打扫干净好不好。"爸爸说。

　　妈妈听到这样的建议，忍不住皱着眉头说："平常上班已经很累了，明天我们应该开车出去玩吧！"

　　爸爸和妈妈就这样你一言我一语地说了起来。

　　"你真的是只会想到玩！难得假日，我们应该要尽点家庭的责任。"爸爸说。

　　"我就是想要去玩，怎么样？我觉得你真的很不会过生活。"妈妈被爸爸说得很委屈，心想昨天才找了几个假日可以出游的地点，老公却没有感受到自己的心意⋯⋯

　　就在同时，坐在父母脚边的弟弟佑佑，突然抢过了姐姐欣欣手上的玩具。只见当时才四岁的欣欣，也在那瞬间，反手抢回弟弟拿去的玩具，外加推了弟弟一把，嘴里嚷着："你真的是只会想到玩！难得假日还抢人家玩具，讨厌。"

　　被推了一把、表情委屈的弟弟，哭了。而一旁的妈妈，不知怎么着，也跟着委屈地哭了。

　　不知道大家有没有过这样的经验：明明是你在跟家里的某个人对话，时间一久却发现，孩子也不知不觉地学着你的样子讲话。在教育学的观点中，我们都以为这只是一种孩子单纯的"模仿"；但站在深度心理学的观点上，我们是这样看的：当夫妻生下一个孩子，这个孩子往往蕴藏着父母亲幻想层面的意义；父母亲幻想着自己的孩子会成为什么样子，这种幻想也会反过来影响夫妻关系，夫妻就这样共同推动着让孩子不自觉地朝父母的幻想前进。

换句话说，有时我们觉得某个孩子的样子和表情与父母越来越像——这不只是因为孩子在学我们，而是我们也投射了自己的期待，让孩子成为了这个模样。

孩子可能这样想

⭐ 你不用说，我都知道

亲子之间一向有种不需言说的默契。有时我们会觉得很骄傲：孩子很贴心、总是知道我们要的是什么。但从一方面来看，某些我们藏在心底、不希望孩子卷进来的负面情绪，孩子也可能感受得到，并让这些感受成为他心里对父母的想象。

也就是说，要想让父母的情绪、期待、原生家庭完全不影响孩子，几乎是一件不可能的事——而且，这个影响甚至不需要通过语言。

⭐ 我不自觉，与你的情绪和需要连在一起

孩子会不自觉地吸纳父母的情绪，成为自己的情绪——许多研究已经证实了这点——而且这种情绪的吸纳特别容易发生在两个人之间关系紧张的时候。例如，当母亲长期觉得自己不受到丈夫的关注，或者在婆家遭受许多委屈，孩子就会不自觉地踏进母亲的世界里，想要代替周围那些没能满足母亲的人，来照顾母亲的需要。

在这样的状况下，我们可能看到一对关系越来越紧密的母子——等到父亲赫然发现时，母子已经密不可分，而孩子可能也因为和母亲太过

靠近，而出现了某些行为上的问题（例如，没办法自己起床去上课）。

由此可见，认识自己投射到孩子身上的心情、辨识孩子是否与自己产生了过度紧密的关系，是父母要避免负面情绪传递到下一代的关键。其中一个可以参考的指标是：孩子是否总是离不开谁？孩子是否特别容易受到谁的情绪影响？孩子是否总喜欢做某些事情（例如，生病、捣蛋等），来分散父母的注意力？

家长可以这样做

⭐ **重新认识自己的婚姻：是否被父母角色全然占有，而少了夫妻角色？**

心理学研究曾经提到：现如今的夫妻所面临的最大问题，往往是他们内心在传统价值观与现代价值观之间的斗争。也就是说，虽然我们现在所认知的妻子与丈夫角色，和古代所认知的妻子与丈夫角色已经大不相同，我们仍然会有"自己的角色该如何扮演"的预期。

当夫妻没办法认同自己身上某些不符合传统性别的特质，就可能导致关系中存在某些隐晦的问题，夫妻会建立一种僵化、刻板的沟通模式。最常见的有几种：

一方担任有权力的控制者，另外一方扮演弱小的角色。

一个明明是聪明有智慧的女人，为了配合丈夫投射在她身上的好妈妈形象，会不自觉地努力避免自己工作能力的发挥和事业的发展。

一个本来情感丰富、才华洋溢、内心有点孩子气的男人，为了配合妻子投射在他身上的好爸爸形象，不自觉地变得冷漠、理智、成天拼命赚钱。

这种婚姻是以牺牲自由、相互依赖，来保持家庭的稳定，但却让夫妻彼此的自主性、自由感与亲密感都大为降低。因此我们会常常发现：有许多男人的择偶标准是老婆会不会做菜（这是一种像婴儿一样，需要人家满足口欲的需要），但又很难对这个如同老妈妈一般的妻子有亲密行为（妻子的表现太像一个母亲、而不像一个老婆）。

　　在这样的关系中，夫妻往往无法把内心对对方的讨厌、喜爱、亲密甚至攻击的冲动，用较有趣的方式表现出来，所以他们无法打情骂俏，失去了情趣，也失去了彼此角色互相协助的弹性。更重要的是，这种在夫妻之间无法满足的需要和冲动，就是导致我们会去绑住孩子或从孩子身上去需求满足。

　　因此，发现自己在家庭中，是否被"父母角色"给占据了绝大部分，而让"夫妻角色"少于生活的一半以上，将是我们协助孩子免于受到父母关系影响的第一步。

⭐ 促进夫妻相互了解：你的特质从何而来？

　　夫妻有时会相看两厌、彼此看不顺眼，有很多时候是因为"不懂对方为何会有如此的个性与坚持"。

　　事实上，我们都受到自己的父母亲关系影响，形成长大后存在心里头对夫妻的想象。当我们要进入婚姻殿堂的那一刻，往往把这个想象投射到另一半的身上。所以当我们定义"另一半应该要是什么样的人"的时候，那是因为我们把自己内在的影子放到了他的身上——而这可能阻碍我们接触另一半真实的样子，让我们看不到他们真正的优点，并卡在"为何他是这样，不是我想的那样"的执着上。

所以，当在婚姻中感到痛苦、生气、难过的时候，常常是因为我们接触到了自己的影子——但有趣的是，因为这些接触的存在，夫妻才有机会通过磨合的痛苦，来认识彼此真实的样子；也才有机会通过自我觉察彼此了解，来形成支持性的关系。

⭐ 建立父母角色与夫妻角色的界限

同时经营婚姻关系与亲子关系，这些期待与幻想难免彼此交杂。如果孩子能符合父母的幻想，这对夫妻的生活可能会过得容易一些。但父母更要去辨识：有没有哪些另一半没能满足我的地方，孩子在不知不觉地去填补那空虚的一角。

在父母和夫妻角色间建立界线，你会发现，无法当很成功的夫妻时，我们仍在学习当合作的父母。

这些不能说或做

＊看到孩子出现与大人相仿的举动，就开始数落另一半给孩子带来坏榜样。（孩子的行为是提醒我们去检视家庭关系，而非制造更多冲突）

155

♥♥ 他们在做什么？

孩子好奇，父母难以启齿的话题

某个周六，爸爸妈妈带三宝到动物园去玩。

全家人走进了"可爱动物区"，里头养着一窝一窝的兔子，可爱的模样吸引了好多小朋友。

爸爸妈妈带着三宝，只能挤在人群后面，不断听到前面的小朋友喊着："哇！好可爱喔！"却怎么也看不清楚。

　　好不容易人群散开了，正在爸爸、妈妈和三宝挤到兔笼前的第一排，抢到最佳视野时，笼子里那只最美丽的狮子兔，正抛开它嘴里的一块红萝卜，迅速地压上它身旁的另一只狮子兔……

　　只见兔子英气十足地顶着下半身，往身下的兔子身上抖动迈进。

　　"妈妈，它们在做什么啊？"看到这一幕，年纪最大的欣欣马上转头问。

　　"妈妈，它们在做什么？"佑佑也马上跟着姐姐问。

　　"做什么？做什么？做什么？"安安也跟着念念念。

　　奇怪，刚刚这"可爱动物区"人还一大堆，这么经典的画面，却只剩下爸爸妈妈和三宝一家人独赏，并留下一脸尴尬的爸爸妈妈和三宝此起彼落的"做什么？做什么？做什么？"的童音……

　　跟"性教育"有关的话题，一向是让孩子感到好奇，却让父母难以启齿的话题。光是"我是从哪里来的"这个问题，就可能考倒一大片父母，恨不得丢给童书去解释。

　　在心理学中，认为儿童天生的好奇和冲动，与"性议题"是很有关联的（演化心理学来看，"性"就是一种人类求生的本能而已）。如果儿童天生的好奇与冲动，在他们企图询问未知事物时受到阻碍，那么他们对事物的深度探索也会受到压抑，进一步伤害到他们未来的求知冲动与思考广度——可见，像这样的问题，父母可以难以启齿，却不能不去面对。

孩子可能这样想

⭐ 父母的难以启齿，可能形成孩子探索的困境

前阵子，我在报纸上看到一篇专栏，内容是探讨小学里头常常练习的一个活动——"爬竿"。不知道家长们对这个活动有没有印象——就是一根细细长长的铁竿子，从前体育老师总会要求我们从铁竿子下端往上攀爬，然后再从顶上滑下来。这篇报导就是在描述这个"爬竿"，其实是很多人童年时期"性快感"的来源。

这个文章绝非夸大，我在工作中，的确听过许多成年人的童年，是靠"爬竿"来创造性兴奋的。许多人提起这段往事，都用"怪异"来形容当年的自己——也就是说，当我们的孩子到了性发展阶段（三至六岁是成长上的第一次性发展期），他们都可能在这些无意的"尝试"中，发现自己内在的性冲动（有些女孩是从洗澡的"莲蓬头水柱"中发现的）。这些感觉可能让孩子们觉得很奇怪、很好奇、很害羞……然后他们可能"尝试着"通过父母、朋友、书籍，去了解自己这种感受是什么？在心理学上，将这看作"求知来源的动力"——倘若父母面对孩子"自然的求知"，时常支支吾吾、难以启齿，可能会让孩子对自己的问题感到困惑，让孩子们在自然的探索上产生困难。

⭐ 难以理解的冲动，可能形成应受谴责的冲动

除了支支吾吾、难以启齿的父母，还有些父母其实是排斥、或是想要封锁孩子了解和"性"相关的信息的。

前几年，教育政策欲将性教育下放至小学，我接受几个学校的

邀请，去谈学校性教育的议题，就有许多老师认为小学的孩子年龄太小，不适合"过早"接触相关的知识。

然而，每个孩子在既定的发展范围中，都有他们独特的发展方式。有些孩子心智成熟度已促成他们产生这些冲动与探索，没有大人的引导，他们肯定对此感到困惑（最糟的是胡乱在网络上探索或想象）。特别当大人的态度不只是难以启齿，而是释放出"禁止"、或是"不希望他们再问"的信息时，孩子可能会产生一种"我问了不好的问题""我有不对的想法"的心态，对发展中的孩子来讲，这反而可能造成自我压抑与谴责——明明很想知道、又很气自己想知道。孩子的自我要求反而越来越高。

家长可以这样做

⭐ 检视自己的难以启齿

到底该什么状况、什么时机、什么年纪，去和孩子谈这些难以启齿的话题？我想很难有人能提出一个既定的准则。但可以提醒的是，孩子从3岁开始，就进入性别的发展阶段，对于男孩女孩、两性身体的差异有基本的好奇和理解（事实上，有许多小男孩，在母亲换衣服的时候，还会伸手去抓妈妈的乳头呢——即使对奶奶也如此），也常常对电视上某些情爱之事提出发问。说实在的，现在的节目动不动就有脱衣服和亲亲，街头上也常上演真人秀，哪有可能让孩子都看不到、不发问呢？

所以，如果身为父母，你心里有一点、也许就那么一点点，对孩子所见所闻所问感到难以启齿，真的要先回去想一想：为什么会这样？其中包括：

我父母是怎么教我的？ 如果我问了孩子问的问题，我的父母会如何响应我？这些回应会如何影响我的回应？

我和另一半对这些议题的看法一致吗？ 我们是否谈过如何响应孩子的这些问题？我们在孩子面前是否会有亲密举动（例如，拥抱、亲嘴）？孩子对这些的反应是什么？我是否会想要避免在孩子面前与另一半有亲密举动？

另外，还有些父母提到对性与亲密问题回应的困难，是因为许多孩子在看到父母拥抱时会出现这样的反应：想办法把父母隔开、或者发脾气。但从心理学的角度来看，这些反应都是心理发展中正常的现象，因为孩子在爱父母的过程当中，本就可能和同性的父母产生一种类似竞争的关系。但是，如果孩子们看到母亲爱父亲、父亲爱母亲，这种竞争会转化成一种认同，帮助他们在性别意识方面自我发展。

⭐ 响应原则：准许、乐意、自由、坚定

当父母理解自己的难以启齿，将有助于促进自己以较坦然的态度去面对孩子可能出给你的各种难题。因此，心理学里头特别提到的教养原则之一，便是准许孩子问任何问题、并且乐意回答孩子的问题，而且在响应孩子时，以自然、自由的态度，同时也给孩子具有爱却又坚定的指引——当然，同时最重要的是使用符合孩子年龄层的语言。拿上述的情境来说，提供一些说法给家长们参考：

准许：（摸摸孩子的头）这么好奇啊！以前没看过对不对？

乐意：（允许孩子再继续问问题）还有什么问题呢？

自由：他们现在在生小兔子（因为孩子听不懂"做爱"，但是知道"生育"这件事）。

坚定：（如果孩子又继续问："那我也是这样被生出来的吗？"）对呀！大兔子这样生小兔子，爸爸妈妈也会这样生你啊！可是你看，那个兔子是不是比较大，所以小兔子也要等到像大兔子的时候才能生小兔子，你也要长到像爸爸妈妈这么大才能生小baby呀！（把自己的教育原则加进去）

如果你觉得孩子听得还不够懂的话，现在市面上都有许多和生育、性教育相关的绘本，不妨孩子问问题的这一两天，就赶紧挑一本回来，好好地和孩子讨论一下啰！

性的教导不会让孩子太早熟，反而会让父母陪伴孩子走过这段最重要的路。

这些不能说或做

* "唉唷！你不要看啦！小孩子不懂。" （压抑孩子的求知冲动）

* "问这做什么？你很无聊耶！" （谴责孩子的求知冲动）

我要跟奶奶睡觉!
面对从隔代教养回到家庭的孩子

　　欣欣刚出生的时候,妈妈是边上班、边请台北的保姆帮忙带她。欣欣两岁的时候,妈妈肚子里有了佑佑,加上工作压力庞大,就请老家的奶奶24小时照顾欣欣,爸爸、妈妈假日有空闲时,才会回去看她。

欣欣这样让爷爷、奶奶带了一年，等到妈妈生下小弟弟，又把欣欣接回了台北。那时，欣欣已经三岁了。回台北家的第一天，奶奶怕欣欣无法适应台北，背着行李"随孙北上"，当晚，就发生这样的事……

　　"欣欣，睡觉啰！明天要上学啰！"一直到快睡觉了，欣欣还黏着奶奶玩，妈妈看时间不早了，催促地说。

　　"我要跟奶奶睡觉。"欣欣正眼也不看妈妈，抱着奶奶说。

　　"奶奶也要睡觉了，今天跟妈妈睡。"妈妈说。

　　"我不要！我不要妈妈！"欣欣说。

　　"今天开始你要跟妈妈睡觉。"妈妈看欣欣的反应，心里不由得一把火：你刚出生时老娘可是自己带你，这一年也是动不动就回去看你，怎么，才离开一年就变成这样了？

　　"我不要、我不要。"欣欣听妈妈这样一说，抱着奶奶的手更紧了。

　　"唰"的一声，妈妈把欣欣从奶奶手里抱开，抱进房间里去。欣欣两只脚踢啊踢啊，嘴巴大声地哭喊："哇啊……我要奶奶，我不要妈妈，我要奶奶……"

　　关上房间的门，妈妈心都碎了。当初把孩子送走，到底对还是不对？

上班族妈妈生小孩，产假只有几个月。产假中，可以尽情地和宝宝相处，但产假过后，却有许多父母面临：到底要带在身边、白天托保姆带？还是请公婆、爸妈帮忙，但可能要分隔两地，或是忍受孩子可能跟爷爷奶奶比较亲？

这是许多家庭的问题，也常常导致妈妈们产生罪恶感，痛恨自己怎么不能辞掉工作回家带小孩？协调不来的时候，还可能闹出夫妻革命。即使顺利请爷爷奶奶帮忙带小孩了，却又面临"到底该几岁带回来？""带得回来吗？"的窘境。

孩子可能这样想

⭐ 两岁以前，有人爱就好

在年幼孩子的心里，只要他感受得到爱，他们并不会太在乎这个爱来自哪里。

这段话听起来很无情，可能让许多父母感到心碎。但从心理学的角度来看，当孩子经历一些"正常的剥夺"，他们也在从这种剥夺中学习适应——这就是为什么，有些孩子虽然出生就没了父母，他们却还是有很大的机会可以健康、快乐地长大。更何况，大部分的隔代抚养家庭，父母往往不会放着孩子不管，仍然时常回去照看孩子——此时，只要父母能忍受得了"孩子有比你更亲近的人"，以及"孩子好像要被人抢走了"的失落感，孩子的心理发展并不会因此而受到多大的影响，更不可能因为隔代抚养就不认自己的父母亲。

⭐ 家庭是一个"爱的整体"，而不是切割的"个人单元"

孩子的成长是这样的：当孩子从母亲那里获得充分的爱（若母亲因故无法胜任时，就是某位从出生后养育孩子的主要照顾者），并且获得母亲的授权去和其他家人建立关系，这个孩子就开始拥有爱所有家人，并把爱延伸至邻居、同龄人的能力。

也就是说，一个有"爱人"能力的孩子，是会把家庭当成"一个整体"来爱，而非占有式地只爱着某个人。所以，一个有能力爱爷爷奶奶的孩子，只要爷爷奶奶愿意协助，他们绝对有办法爱爸爸妈妈；反之，一个有能力爱爸爸妈妈的孩子，也一定能够爱爷爷奶奶。

除非，有人阻止或禁止他去爱。

家长可以这样做

⭐ 三岁前回归原生家庭，适应期较短

从儿童的心理发展来看，我可以肯定地说：许多父母对于隔代教养的担心和想象实在是多余的。但站在心理学的角度，我比较赞成父母在三岁左右，就要把孩子带回家庭中养育。

为什么会有这样的切分点呢？大家想想看，孩子在零至一岁是培养信任感的阶段，如果爷爷奶奶能提供给孩子较稳定的照顾（孩子不用跑来跑去，一天到晚换照顾者），对孩子也是个不错的环境。其他教养方式的差异，只要父母愿意睁一只眼、闭一只眼，都可以协调，冲突也都会过去。拿"老人家喂孩子吃香灰"这件事来说好了，搞不好你的另一半或你自己，都是这样吃香灰长大的，也没怎样啊！我们何苦在老人家顺利平安养大我们后，去挑剔他们怎么带孙子呢？

一至三岁这段时期，则是孩子开始产生负面情绪的阶段——他们需要稳定、有耐性，而且具有包容力的照顾者，才能学习调适自己的负面心情。爷爷奶奶因为工作压力较低，情绪性格上可能较为稳定，自然可以扮演这个角色。当然，很多父母亲担心的"太宠"这件事，除了需要跟爷爷奶奶沟通外，在孩子与自己相处时，仍然可以用"父母"的角色来界定规则（这就是为什么，有些孩子在父母面前是一种样子，在爷爷奶奶面前是另一种样子，但这真的无妨）。

然而，三岁以上的孩子，语言能力发展增强、思考能力也提升了，三至六岁更是需要建立性别楷模、建立自我角色的阶段，如果在这之前带回父母身边，父母就可能不用花太多的时间来和孩子建立关系（因为孩子还懵懵懂懂）；而且能由父母教导孩子规矩与人际互动的原则，也较符合未来孩子要长期生存的家庭场域。

⭐ 建立孩子与"不在身边那位照顾者"的连结

不管孩子是在爷爷奶奶身边，还是回到父母身边——建立孩子与"不在身边那位照顾者"的连结是很重要的。因为换个角度来思考，当我们是不在孩子身边那位时，一定特别想听到孩子的声音、希望被孩子想念着。所以，不妨让孩子和远处的那位照顾者定期通电话，带张对方的照片在身边，让孩子看照片、学认人。当爸爸妈妈和爷爷奶奶都有这种愿意与对方分享孩子的爱的心情，孩子和每个家人的关系都会十分良好。

孩子的心是很广大的，不会因为爱了某个家人，就减少对其他家人的爱；相反的，能好好地爱某个家人，也让他们更有能力好好爱其他家人。而心里越多爱、关系越充足稳定的孩子，将有助于他们对未来世界的探索与冒险。

这些不能说或做

＊问孩子"你比较爱妈妈，还是比较爱奶奶"这种问题。（让孩子有选择的焦虑感，也可能因此学会"见什么样的人、就说什么样的话"）

＊当孩子在想念远方的家人时，表现出禁止或生气。（让孩子产生心理矛盾，好像爱了谁，就背叛了另一个人）

后记

　　关上房间的门，欣欣继续哭。

　　妈妈的心里难过，也跟着流眼泪，大声地对欣欣说："妈妈知道你很难过，可是从今天开始，没有奶奶陪你睡觉，只有妈妈陪你。"

　　欣欣听了，大哭大叫更严重了："我不要我不要，我不要妈妈，我要奶奶。"

　　妈妈知道门外的奶奶一定也听到了这哭声，于是锁上房门，不希望奶奶不忍孙子的哭泣而推门进来，那么这"回归"的一刻就毁了。

　　"以后奶奶不会住这里，这里是爸爸妈妈的家，也是你家，没有奶奶陪你，但妈妈会陪你。"妈妈又说。

　　"我不要我不要，我不要妈妈，我要奶奶。"欣欣继续哭闹，外加踢脚与踹床。

　　"你这样也没有用，以后就是妈妈陪你，哭也没有用。"妈妈硬下心肠，坚定地说——眼泪却忍不住流着。

　　母女俩就这样一来一往，一句"我不要"，一句"就是这样"，直到母女俩都累了，欣欣的哭闹声转为啜泣声。

　　"妈妈知道你想奶奶，妈妈抱抱好吗？"看欣欣逐渐平静下来，妈妈做出邀请。

欣欣点点头。

妈妈把欣欣抱进怀里，一边拍着她的背，一边说："乖，乖，欣欣乖，妈妈爱你，妈妈陪你。"

只见那刚满三岁的欣欣，在妈妈的怀里，眼睛开始逐渐闭上，嘴里却细声地嚷着："以后没有奶奶睡觉，可是妈妈陪我、妈妈爱我……"

念着念着，欣欣睡着了。

第四篇
帮孩子心情稳定上学去

不管多么舍不得，孩子终究会离开父母的羽翼，自己去经历事与愿违的挫折、人与人关系的冲突……

对孩子来说，很辛苦，是吧？

对一旁看着的父母来说，也很辛苦，对吧？

孩子的辛苦，是因为这些挫折他们不熟悉；父母的辛苦，是因为这些挫折不能替孩子承受。

但父母可以做的，其实还有很多。父母可以聆听，可以支持，可以和孩子辩论、启发他对事物不同角度的思考……

因为，父母和孩子相处的方式，往往会影响他未来成为什么样的人。

我不认识他，我不要打招呼

面对孩子的陌生人情结

　　欣欣三岁的时候，刚从爷爷奶奶家回到爸爸妈妈身边，但是个性变得有些古怪，尤其面对陌生人的时候，总是不愿正眼直视人家，也不愿和人打招呼。某天，爸爸的同事结婚，请欣欣当花童，却出现了这样的状况……

"欣欣，等一下会有一些你不认识的叔叔、阿姨来，那些都是爸爸的朋友，都是好人，你等一下看到他们要打招呼啊！"在前往试穿礼服的路上，妈妈这样叮咛欣欣。

"为什么？我又不认识他们，我不要。"欣欣说。

"欣欣，那些都是爸爸认识的人啊，你不用害怕，而且他们都很喜欢你，所以你要勇敢地跟他们说：'叔叔阿姨好。'如果你听话跟大家打招呼，妈妈再给你盖好宝宝印章好不好？"妈妈又继续叮咛欣欣。

欣欣勉强点了点头。

没想到，到了目的地之后，欣欣一下车就低着头。

"欣欣，叫叔叔阿姨。"妈妈说。

欣欣低着头，没反应。

"欣欣，妈妈不是跟你说好了吗？"看欣欣这样的表现，妈妈忍不住蹲到她耳边。

"哈哈，没关系啦！第一次见面嘛！不用不用。"同事在旁边赶紧打圆场。

谁知，在试穿礼服的时候，另一个当花童的小女生穿得兴高采烈，人家父母在旁边拼命拍照；而欣欣却又闹起别扭，穿着礼服，却板着一张脸。

"你不要给我这样！你回去就知道了。"妈妈再也忍不住了，心里想狠狠地偷捏欣欣一把。

欣欣看到妈妈这样的脸孔，当着众人的面，眼泪扑簌簌地流下来。

"天啊！丢脸极了。"妈妈心想。

面对孩子不愿意和陌生人打招呼——我想许多家长都能够理解，却又无法谅解这样的状况。我们可以理解孩子面对陌生人时，他们幼小的心灵不见得可以接受，以至于孩子常无法达成大人希望他们"态度大方"的要求；但当孩子真的在亲朋好友面前连话都不敢讲时（特别是旁边有别的活泼大方的孩子当"对照"时），父母的心情实在会又急又气——不知道孩子为何要这样，也不知自己可以如何帮得上他。

孩子可能这样想

⭐ 对陌生人的友善冲动，反映孩子和母亲（主要照顾者）的关系

面对这样的状况，心理学的其中一个解释是：孩子和母亲的关系越平淡（没有太多正向情感交流，像拥抱、身子贴在一起说心事），对陌生人所表现出的友善冲动便越少。也就是说，母亲如果越是管着孩子、越少带孩子去探索与冒险，孩子对陌生人就不会有太多的"友善冲动"——而所谓的"友善冲动"，就是和陌生人示好、与陌生人建立关系的心情。

所以你可能会发现，那些很乖巧柔顺的孩子，在陌生人面前可能会表现出"你叫他做什么、他就做什么"，却很难主动跨出建立关系的脚步——这种孩子，我们可以说他"太乖了"。因为，一个真正有安全感的孩子，在父母的面前，应该感到安心，而且愿意和人建立关系。除非父母不在身边，不然孩子不会有太多的防御性反应。

⭐ 无法排遣爱恨交织感的孩子，越容易对陌生人感到害怕与憎恨

面对防御性强，对陌生人明显感到害怕，甚至感到排斥的孩子——心理学上的另一个解释是：这些孩子可能充满爱恨交织感、无法排除。为什么会这样呢？因为年幼的孩子，存在他们心里的内在公式是：我就是母亲、母亲就是我——那么，当母亲不在的时候，我不就也跟着消失了吗？这是一件多么让人感到焦虑的事啊！孩子一方面仰赖母亲衣食，一方面又要忍受被母亲抛弃的沮丧感，心情感受自然起起伏伏、爱恨交织了。所以，我们会发现，许多小小孩都喜欢玩躲猫猫的游戏，或者很喜欢大人用手把脸遮起来，然后把手打开后，又神奇地重新看到大人的脸——这就表示，孩子是通过把"重要他人不在的感觉"转化成一种游戏，来应对这种沮丧感。

因此，心理学家认为，"对陌生人感到害怕"的反应，也可能是孩子内心焦虑和负向情感的转移——孩子对主要照顾者的爱恨交织感无法表达和排遣时，就忍不住在面对陌生人（特别是父母亲的朋友时）的情境下抒发出那些无法排遣的感受。

这种行为举动，免除了孩子们"不用直接攻击父母的焦虑感"，却保全了孩子们"对父母报复的快感"。

父母在当下的情境可能会觉得生气、不解（因为莫名其妙被孩子报复了），但却是一个很好的机会去发现：也许孩子有什么需要我们关注的地方。

家长可以这样做

⭐ 检查：孩子的焦虑源在哪里？

像上述的这些状况，心理学上称为"孩子与父母和解的危机"，大约会从18~24个月的孩子身上开始出现。此时的孩子正处在"自主性"与"父母会离开身边"的冲突焦虑中，他们的想法和欲望会变得迟疑不决——心情好的时候和陌生人打招呼、心情不好的时候又不肯（难怪很多陌生人面对这样的情境时，都会帮父母解围说，啊！他还没睡饱啦）。如果你发现孩子出现这样的状况，可以思考下列的问题：

我什么时候会让孩子感觉我不在他身边？（即使你一直和孩子住在一起，是否常常人在心不在？）

当孩子因我不在身边而闹脾气时，我都是如何处理的？

如果我真的曾经有一段时间没有自己带孩子，我是否思考过与孩子的关系补偿策略？

当我不在孩子身边时，孩子是否发展出自我补偿的策略（例如，抱着毯子、吸手指）？而我该如何应对他这些自我补偿策略？

曾经有一个母亲告诉我，在她儿子三岁时，会用自己的嘴唇和手指在一些物品上来回磨蹭；这位母亲总觉得这是一个"坏毛病"（其实这是一种孩子的自我补偿策略），所以总是很严厉地去阻止他。当孩子被阻止时，他总是笑笑的；但母亲发现，之后孩子还是会偷偷去做，而不让别人发现。现在，这个当年才三岁的孩子，已经十八岁了，情绪却总是不够稳定、经常为小事发脾气。而母亲带着儿子去做心理治疗后才发现，这可能是当年孩子在消化父母不在身边的感觉时，发展出的自我补偿策略未被支持，且受到阻挠的结果。

⭐ 面对孩子的焦虑：不需后悔，只要往前走

很多父母在思考了上述的问题后，常常会出现一种罪恶感——特别是，当你曾经有一段时间没有陪在孩子身边，你可能会禁不住去想：是不是我害他变成这样的？

拿我自己的例子来说，我的大女儿是我自己带到一岁的，而后因为忙碌的关系，请我婆婆带了一年。等到我把孩子接回家里后，我也同样发现孩子出现了这样的"陌生焦虑"，而且除了人类以外，她还对很多"陌生的生物"感到焦虑。有一回，我带女儿到沙滩，那里有非常多的招潮蟹——我一直想象女儿看到那些螃蟹会开心地大笑；没想到，她却害怕地爬到我身上，一边歇斯底里地哭叫……那时我就知道，我让她这样更换照顾者的状况，的确对她造成了影响。

这种状况，心理学家称为"暂时性的发展偏差"，孩子可能借着过度发展某项行为，来试图纠正某一阶段所出现的发展失衡——特别是孩子对分离性的觉察所产生的内在焦虑。

我不知道谈到这里，会不会让很多曾经把孩子送离身边的父母感到焦虑（特别是像我这样，自己带一阵子又送走的），但在我自己的经验里，可以向大家保证：如果你愿意去正视这个问题，这种发展偏差真的是"暂时的"，一定会过去（大约半年到一年左右）。但是有几个可以注意的原则：

避免因为罪恶感，而过度补偿小孩：最常见的是买礼物给孩子，因为那其实是在安慰我们自己——即使你真的想买，也要清楚地知道这是为了自己而买。

避免因为罪恶感而不自觉地远离小孩：最常见的是，父母和孩子的关系会回到类似"教育的立场"，而不是"情感交流的立场"。所以父母可能会一直教孩子什么对、什么错（矫正自己不在他身边时，被人家"教坏了"的地方），而忽略了其实可以大方地和孩子去谈，当初是因为什么困难把他送离身边的，以及你真的很爱他。

面对自己曾经不能陪在孩子身边，最好的方式，就是当孩子回到自己身边时，真正地陪在他身边。

这些不能说或做

* 和孩子说："你这样真的很可恶，你这样让我很丢脸。"
（孩子会觉得你的关注不在他身上）

* 因此而处罚孩子。（因为这种反应只是孩子内心焦虑的表达，而不是一种问题行为）

我不想去上学

协助孩子融入群体

欣欣上小学的这年，安安也刚好要上幼儿园。

这天，先是幼儿园的校车要来接安安和佑佑（两兄妹念同一间幼儿园）：佑佑笑嘻嘻地上了车，可那安安一看到校车，眼泪却扑簌簌地掉下来；等到老师下来要牵安安上车，安安就死命地抱着妈妈的大腿不放。嘴里一直大喊着："不要不要不要不要，妈妈，呜……"

妈妈硬着心肠把安安推上校车，心里在滴血。又骑着摩托车送欣欣去上小学。没想到，明明已经习惯了上学的欣欣，不知道是不是受到妹妹的影响，居然也在学校门口不肯下车，也死命地抱着妈妈不放："我不要啦！我不要去上学啦！"

哎呀，这一大一小的姐妹，到底是怎么回事啊！

孩子离家去念幼儿园，是家长皆知的分离焦虑大考验；孩子离开幼儿园去念小学，家长们却可能认为分离焦虑的程度会比幼儿园降低一些，小学最可能引起孩子不适应的地方应该是课业学习的复杂程度吧？

其实，这两个阶段的"不想上学"，看似发展阶段不一样，其实还是有许多本质上的共同点。

孩子可能这样想

★ 不是怕学校，是怕所爱的人不在

在心理学的书籍中，有一段很经典的论述，描述着一个三岁的男孩，在一间黑漆漆的屋子里头大叫："阿姨，和我说话，我会害怕，这里太黑了。"男孩的阿姨回应说："我跟你说话有什么用，你又看不到我？"男孩说："没关系，有人跟我说话，这里就会有光。"心理学家在书里头分析说："可见，男孩怕的不是黑暗，而是他所爱的人不在；只要有证据证明他所爱的人在，他就会平静下来。"

我们可以用同样的概念来理解"孩子不去上学"这件事——特别是上学的第一天。我不知道家长们有没有想过：如果孩子连去都

181

还没去过学校，根本不知道那里会有什么，有什么理由让他们感到害怕呢？

如果你可以这么想，你就接近答案了——孩子对学校和群体生活最原始的恐惧，并不是因为学校本身，而是因为学校没有他们所爱的人；那是一个新的地方、新的事物、新的关系、新的开始。

不管是幼儿园或小学，都是如此。所以你可能会发现，当小学里有孩子熟悉的过去的小伙伴时，他们在第一天往往不会显得那么害怕。

⭐ 转化"婴儿期依赖"为"成熟期依赖"

心理学家把小小孩的依赖分成阶段来看，主要是从"婴儿期的依赖"（心理上和主要照顾者融为一体），转化为"成熟期的依赖"（可以觉察到彼此的差异，而且有一个信赖的互动基础）。在"成熟期的依赖"中，孩子开始相信，父母可能会离开他身边，但不会永远消失；而他们需要的时候，可以随时回到父母的脚边寻求庇护。能够达到这样的心理状态，慢慢地孩子们就能学习独立——而独立的意义，则是他们愿意离开父母身边，到外面的世界去冒险、学习新的事物。

在"婴儿期的依赖"与"成熟期的依赖"之间，孩子会面临一个"过渡时期"——他们可能会变得特别哭闹、特别无法忍受父母不在，或者表现出许多"退化性的举动"（像吸手指啦、把身体卷曲起来）。这往往表示孩子在跨越内在的依赖阶段，试图让自己可能达到一个比较成熟独立的境界。此时，父母亲不但需要对孩子这些"退化性的举动"表现包容和接纳，更需要在孩子出现这些行为时，向他保证你会一直在这里，而不是让他感觉你在斥责他长不大。

家长可以这样做

⭐ 找到孩子所爱的人事时地物

有一本儿童绘本叫做《爷爷一定有办法》，里头描述一个小男孩，从小和爷爷建立了很深厚的感情，而且他相信爷爷一定有办法把所有的旧东西变成新的东西。首先，爷爷在男孩很小的时候，给他缝了一条神奇的毯子，这条毯子很舒服、温暖，还能赶跑所有的噩梦；可是，这条毯子有天旧了，妈妈想要拿去丢掉，男孩就说："爷爷一定有办法。"果然，爷爷拿起剪刀喀嚓喀嚓地，把毯子缝成一件奇妙的外套。之后，外套变成背心、背心变成领带、领带变成手帕、手帕变成钮扣……直到，有天钮扣不见了！男孩好难过、爷爷也好难过——因为，爷爷再怎么厉害，也没办法无中生有啊！隔天，男孩到学校去，拿起笔来，在纸上唰唰唰地写字，把这个历程，写成了一个奇妙的故事。

从此以后，男孩应该不再需要爷爷变魔术了，因为他自己已经具备了"变神奇魔术的力量"。这也代表，男孩已经把爷爷的爱，内化成一种象征，深深地放在自己心里了。

这是一个很好的例子，让父母了解孩子如何从"婴儿期的依赖"，通过外在事物的转化，过渡到"成熟期的依赖"。所以，如果我们要帮助孩子朝向这些阶段，也可以好好通过对孩子而言，最困难渡过的这两次"上学去"（幼儿园和小学），来建立学校中，孩子所喜爱的"人事时地物"，帮助孩子带着"美好的象征"进入到群体生活中。

人：帮孩子找到学校里头，他喜欢的人。例如，喜欢的朋友、喜欢的老师。

事：帮孩子找到学校里头，他喜欢做的事。例如，喜欢上的课、下课时喜欢做些什么？

时：帮孩子找到学校里头，他喜欢的时间。例如，吃饭时间（有果汁可以喝）、睡觉时间（可以躺在自己喜欢的睡袋里）。

地：帮孩子找到学校里头，他喜欢的地方。就算只是某一个墙角，那都是孩子感到挫折时可以窝着的地方。

物：帮孩子找到可以代表重要他人的物品。举例来说，我自己的女儿要上小学时，我特地帮她挑了一只手表，然后跟她说，因为她上小学后就有上课和下课了，她可以自己看表、看时间；把手表带在身边，就像妈妈陪着她去上学一样。结果，她刚去上小学的第一个礼拜，天天带着手表；等到她交到好朋友，表连带都不需要带了。

以上的这些"人事时地物"，如果家长没有主动问，孩子也不见得会主动说；当孩子没有把这些说出来，他们就没有机会通过"反思"，去理解学校里的美好。所以家长们和孩子谈论这些不但很重要，而且谈论的内容还要像这样具体清楚。

⭐ 稳定内在而向外发展，体验外在而向内分享

当孩子能在大人的协助中，将重要他人的爱转化成"不灭"的象征，孩子内在会产生稳定的力量，不再容易患得患失（觉得重要他人离开身边，好像就不会再回来），也才能放心地向外探索与发展。换句话说，如果家长们发现自己的孩子没办法自己到外面的环境去、融

入有别的孩子的群体，就可能是他们内在的象征力量还没有完成。

如果你发现孩子有这样的表现，而他又已经到了适学年龄，不外乎是帮他建立更稳固的内在关系，以及找到外在世界的美好事物。具体做法包括：

让孩子知道你什么时候会出现：（以手表为例）短针指到几的时候，我就会来接你啰！

给孩子"学校作业"：今天要带两个小朋友的名字回来告诉我喔！

当能够这样慢慢地尝试，相信孩子的状况也会逐渐好转。孩子好转的情况则可参考下列的指标：

孩子回家后是否能分享他在学校所发生的事？尤其是开心和挫折，以及有这些心情的原因？分享交友和与师长的相处状况，并找到至少一个喜欢学校的理由？

孩子是否越来越能忍受与你分开？包括：虽然进入校园前会哭闹，但进入校园后会因老师安抚而停止？哭闹频率和强度下降？

这些不能说或做

* 对孩子的哭闹缺少情绪反应。（孩子会觉得自己的感受被忽视，没有受到关注，内在力量更薄弱）
* 和孩子一起去上学，甚至整天都陪着他。（鼓励孩子继续黏着你，而没有鼓励他朝向外在环境）

 给我礼物！我才和你交朋友

面对孩子霸道的交友方式

欣欣念中班的时候，有一天，老师在联络簿上写了一段描述她交友情形的文字："近期在交友上使用的方法有误，例如，有她喜欢的物品就会请同学给她，不然就不当他的好朋友……我会再多留意，也有劳家长多费心。"

这是一段让许多大人看了就会皱眉的话，欣欣的外婆看了以后也露出"小时就这样，大了怎么办？"的表情。

对妈妈来说呢？说完全没反应是骗人的，但这样的行为举动，

来源有三：一是孩子的外表和个性，二是友伴的相处反应，还有一个最重要的，是孩子在学龄左右的这个年纪都会有颗"友伴第一"的心。

　　家长们，还记得自己刚上学、开始和不认识的小朋友从陌生到熟悉的年代吗？在那个刚与父母分离，进入每个人都有不同性格的学习圈子，你是如何在那种环境中巩固自己的地位，让自己在校园里产生归属感呢？

　　是乖乖地跟在那些长相高挑优美、成绩优秀的好学生后面？还是把家里可以献宝的玩具和话题都带来与人分享？当许多小朋友喜欢和你交朋友的时候，你会欣喜万分？还是平静以对？当小朋友们不理睬你的时候，你是默默受气？还是泪眼相对？……

　　是的，一想到我们自己的那个年代，我们对这个年纪的孩子在学校所面临的各种问题，就会产生更大的同理心，了解他们刚入学的这几年（大约是大班到小学一年级左右的年纪），与学校友伴所产生的各种问题，都是因为他们正用他们性格中独有的，以及所看、所学的方式，在探索与建立人际关系的基础。心理学上就说：攻击和破坏是孩子天生的本能之一；但在这些本能从潜意识进入意识之前，他们不会觉得这是错的。

孩子可能这样想

⭐ 开始意识到我和你的"条件"不一样

　　即使许多孩子都幻想世界要公平（这个幻想常常是大人所给予

的），每个人所拥有的条件和资源却是不公平的。孩子从进入幼儿园开始，就随着认知发展的逐渐成熟，体会到每个人的差异性。

即使老师从小班时就开始引导："我和你不一样""我们每个人都一样棒"；孩子接触到的现实却是：有人就是长得比较高、比较漂亮，有人的英文、数学怎么样就是学得比较快，有些人只要讲句话就会让小朋友都跟着他……这样潜在的认识和比较，让孩子了解自己的优势和条件所在——即使单纯的他们，还没办法像大人选秀一样地口头评判自己和别人，但这些认知在那小型的学校社会中早已发生。

⭐ 知道哪些人可以惹、哪些动不得

有了"条件感"之后，孩子很快地会通过观察，了解哪些人"可以惹"、哪些人"动不得"——而一个健康的孩子，则是在下列两个重要的历程中调合自己：学习引导那些"可以惹"的友伴向那些"动不得"的友伴学习。最后，孩子的优点和限制开始整合，也才能体会到：每个令人喜欢的人背后，都有讨人厌的时候，每个他所不喜欢的人，其实也有可爱的一面。同样的，他们心里失控与可爱的一面，也同时需要被大人和友伴所接纳。

⭐ 不论是非对错，只管适应与否

当我们了解孩子的"条件观"与"社会哲学"，更要知道的是，不管怎样的孩子，受到群体的接纳与肯定，都是同样重要的。当孩子进入学校一段时日，学校给予孩子更大的自由去交友之后（年幼的孩子，老师会帮他们分配位置），孩子会倾向和"与自己

同等条件的人"，或者"自己想要成为的人"交朋友。因此他们的所作所为，都是在"友伴第一"的心情下，所找到能和友伴产生连结的方法。而在道德观尚在建立的年纪，许多在大人眼里偏差而霸道的交友方式，就通过模仿与尝试，悄悄地出现在孩子的人际关系中了！

家长可以这样做

⭐ 大人的激动会强化孩子的负面动机

遇到孩子恶霸似的情景，常常会摧毁大人心里"孩子是纯真无邪"的想象。所以有些家长的反应会特别大，可能会拉着孩子问："你为什么这样？你怎么可以拿别人的东西呢？"更严重一点的可能会说："你这样是强盗，怎么这么坏！"

其实家长可以不用这么担心，如果孩子只是"刚开始出现这样的反应"，通常只是"初步尝试"的一种；而且这种方法对孩子来说往往有用，才会让孩子心里产生喜好的感觉（心理学上称为正向增强），这行为也才会持续发生。因此，如果刚遇到这种事情，大人的责骂却多于引导与说明，就模糊了我们想要教育孩子的重点，孩子会"只记得被骂"而"忘了为什么被骂"，而这种"被骂的心情"又和孩子心里"获得礼物的快感"相反。慢慢的，孩子反而会变成"偷偷霸道而不让你知道"。

⭐ 3大心态化危机为转机：同理心、是非心、信任心

如果家长了解"友伴第一、适应社会"的童稚心，就会了解孩子

初始"霸道"的意图，和我们想象中的"流氓"个性并不相同，但如果没有好好引导，让孩子惯用这种方式交友，确实会形成潜在的大危机。在这种状况下，我们可以通过语言探问，引发孩子的思考，趁机激发孩子的三种人际心。其中包括：

同理心：宝贝，你是不是很喜欢和小朋友一起玩，也很喜欢和小朋友交朋友啊？（这句话像废话，所以大人常常懒得说，殊不知，"废话"最让孩子觉得自己被懂得。）可是如果别的小朋友也跟你要东西，才会跟你交朋友，而这个东西你又很喜欢，这样你是不是会不知道怎么办啊？

是非心：所以宝贝，妈妈很喜欢你，难道要你给妈妈礼物，妈妈才要理你吗？如果妈妈真的会因为礼物才理你，你会不会有点难过呢？那你这样跟小朋友要东西，他是不是也会很难过？你觉得这样好吗？

信任心：宝贝，真正的好朋友，是不管有没有礼物，我们都会想要在一起的。就像妈妈和你一样，我们只要在一起就很开心呀！

孩子所有的行为，都是用他们所理解的方式在探索世界。在是非对错还未发展完成的学龄前阶段，爸妈就不要为孩子的行为加上那么多"对或错"的枷锁了。引导思考、将道德内化，孩子获得的将是陪伴他一生的自我原则！

这些不能说或做

＊很激动地说："你为什么这样？你怎么可以拿别人的东西呢？"（孩子一开始只是出于本能的尝试，父母的激励反而会加强此事的印象）

＊带有批评意味地说："你这样是强盗，怎么这么坏！"（孩子一开始并没有偷、抢的意思，所以容易产生被误会的委屈）

孩子可能只是跟随着自己内心的本能，根本还不懂自己为什么这么做，所以他们需要先了解为什么这样是错的。

💛💛我不想输

面对孩子的好胜心

欣欣、佑佑和安安，三个人围在客厅玩拼图。

早已经玩过这些玩具的欣欣，三两下就把拼图给拼好了。而那年纪还小的安安，什么都还不会，看到姐姐拼好一张图，就在旁边鼓鼓掌。

只有那总是慢姐姐一步的佑佑，看姐姐抢先在自己前面，气得把所有拼图都给拆了，嘴里对姐姐嚷着："哼，你不会，你不棒，我才棒。哼。"

当父母真为难，如果孩子缺乏好胜心，我们可能担心他没有竞争力；如果孩子总是想要当第一，我们又担心他性格太过完美或偏激。

其实，婴幼儿时期，孩子原本就有一种自恋与自我中心感——对孩子来说，自己就是一个整体，所以孩子对自身的捍卫，就会自然地表现出好胜的感觉。家长们可以掌握孩子好胜的时机，转化为面对未来的学习能力。

孩子可能这样想

⭐ 夸大与表现的自体感受损

在孩子的成长经验中，会有想要成为完美自己的期望，以巩固自身独特性的存在，期待去展示和表现自己，以获得幻想中的成就和权力（孩童时期最大的成就：就是能拥有众多的他人关注，把世界变成以自我为中心的舞台）。在这种时候，如果孩童的自恋与自我中心没有获得外界足够的理解，甚至是被周遭的人与环境所打压，可能会产生病态的"夸大自我"意识，在人际关系中过度傲慢、并带着对他人的敌意。

若要解决这样的状况，父母就要在孩子年幼表现出好胜行为时，给予适度的赞同与肯定，以免孩子发展中需要表现自己的感觉受损，而在未来的人际关系中过度索取，产生自负、炫耀的外显性格——而这底层的性格却可能是自卑。

⭐ 理想化的父母与自体形象

除了表现自己、被别人看到的渴望，孩子也需要和人融合，以让自己感觉到安全、舒适、平静。所以孩子们会传递一种"我是完美的，所以你要爱我"的讯息，并且认为"父母也是完美的，而且我是你的一部分"。在这种状况下，当父母表现出对孩子的正向反应、对孩子的需要能立即回应，那么孩子就会逐渐忍受自己和父母亲之间是有距离的。

家长可以这样做

⭐ 评估：是"学习心"？还是"比较心"？

面对孩子的好胜表现，心理学上将这看作是：孩子巩固自己的整体感与独特性，以及对自己与父母亲的关系幻想的展现。所以孩子会想象：父母是懂我这个需要的。当他们和别的孩子相处，产生了违反理想的挫折感与不舒服感时，也会第一个寻求父母的支持。此时，父母必须先理解与肯定："不会啊！你也好棒啊！你也做得很棒啊！"（满足孩子的夸大与表现需要）。然后进一步去观察，孩子是因为学习上感到受挫？还是因为竞争感到受挫？

学习上感到受挫：我不会做、我做不好，所以我不玩了。

因为竞争感到受挫：我不要跟别人玩，他们不可以玩，不然我就不玩了。

不管是哪一种，我们都需要先接纳孩子的挫折感。因为孩子若没有把挫折感说出来、放在心里，就会导致他们面对未知事物的害怕，或者不敢尝试新事物。所以面对上述两种挫折感，父母可以响应的方式包括：

学习上感到受挫：多做几次就会了，来，妈妈陪你。

因为竞争感到受挫：姐姐也是一直练习才会的，没有人第一次做就可以做得很好，来，试试看。（也可以请姐姐教弟弟，顺便化解一下手足之间因竞争而起的恩怨）

整体来说，面对学习上容易受挫的孩子，我们要鼓励他接触新事物、面对挑战；面对因为竞争感到受挫的孩子，我们鼓励他看到别人和自己的优点，了解并不会因为别人的好，就减损自己的好。

⭐ 激发孩子的学习心

孩子虽然容易受挫，但也都有自尊心。所以当我们发现孩子的好胜与表现欲时，不需要特意让他，以达成让孩子赢的目的——当然，刻意打压孩子，想要通过"让他意识到他本来就不可能赢"来建立孩子的抗压力，更是不必要。适时地让孩子体会"赢"和"输"，不但能激发他们的学习心，也更能了解胜败乃兵家常事。因为，一个从小总是体会到"赢"的孩子，我们得要替他担心哪天他失败了，心理上会不会撑不住（年纪越大，失败感会越强）？一个从小总是体会到"输"的孩子，如果在六岁后还处于这样的状态（6至12岁的孩子是通过"成功经验"来认同自己），性格则会变得较为退缩。

只是身为父母，我也注意到一个有趣的现象。有一回我受邀上一个节目，谈孩子做暑假作业的话题。许多父母坦承自己帮孩子完成许多暑假作业，理由不外乎是：因为孩子做不好，孩子做不好就哭得很伤心，总不能见死不救；或者因为曾经帮孩子做作业，以致孩子得了奖，之后就好像一定要帮点忙，让孩子继续得奖。

从这些父母的分享里，不知道大家有没有发现一件事：对孩子的输赢与好胜心，父母总是很难置身事外——孩子做得好，我们比他更开心；孩子做不好，我们比他更担心。其实，当父母这样与孩子的学习感受绑在一起时，孩子也很难在这过程当中享受属于他自己的学习。所以，要让孩子从这种理想化的好胜心中，找到学习的路，父母可以先思考下列问题：

当孩子没办法完成一件事情，我的心情是什么？会不会忍不住想要帮他完成？或是赶快找借口安慰他、不要让他受挫？

我是否总是跟孩子说：输赢不重要？

其实，输赢对孩子来说，真的很重要，不然学校老师就不用发那么多五颜六色的贴纸，来激发他们的学习心了。身为父母，我们不需要担心"孩子想赢"，但得要教会孩子"能承受得起输"。

这些不能说或做

* "没关系啦！你本来就比较小，不会是正常的。"（合理化孩子的挫折，却让孩子失去向上学习的动力）

* "好啦好啦！我跟你玩，我让你赢。"（安抚孩子，却像是根本不相信他可以做到）

他们为什么不跟我玩？

面对孩子的人际挫折

为什么小朋友都不跟我玩？

欣欣升大班的时候，妈妈为了增强她的活动量，将欣欣换到一所郊区的幼儿园。

连续上学几天，妈妈却发现欣欣有些闷闷不乐。一问之下才知道，班上的女生总是玩在一起；对于欣欣这个转学生，表现却十分冷淡。还有小朋友甚至直接问老师："为什么我要跟她玩？"

197

虽然老师会指定某个同学来照顾欣欣，可是欣欣还是没办法像其他同学一样，很自然地玩在一起。于是回家哭着问妈妈："他们为什么不和我玩？他们都不喜欢我……"

各位家长，当你们听到孩子说，同学都不愿意和他玩——心里的感觉会是什么呢？你是否想过，如果有一天发生这样的事，你会怎么做？

我曾经遇到过一个妈妈，她觉得自己的孩子在学校是受人排斥的；后来，她为了解决这个问题，就花钱买了很多好吃的糖果饼干，请学校老师为她女儿开一个party，来拉拢同学们的注意和喜欢。后来，这个妈妈就养成习惯了，每当发现女儿在学校不开心，就是她又要花钱请客的时候了！

我很能理解这个妈妈的心情：孩子刚去到学校、不在自己身边，我们既不能像在家里一样地保护她，又不能控制她身边的朋友要好好照顾她，所以只可尽己所能地、帮孩子铺好一条他们能走得比较顺利的路。

只是，当我们总是去干涉孩子的人际关系时，却可能让他们酝酿更大的能量、遇上未来更大的危机！

孩子可能这样想

⭐ 人际受挫不一定是坏事

心理学家认为，孩子们会深受身边的重要他人的影响，而形成一种潜意识的规则，来面对外界的刺激。因此当孩子们踏入群体生活中，他们也必须要找到一种方式，把他与别人交往的大量经验与他的潜意识原则组合起来。也就是说，孩子刚踏入群体生活的人际行为模式，是带着他们在家庭里与父母亲及其他重要他人的关系而来的，但是这个模式必须在实际的外在环境中受到挑战与修正，孩子们才能发展出面对环境的挫折容忍力，未来对于未知的、多变的事物就不会有那么多担心和害怕。

举例来说，假设一个孩子是家中的独生子，三代同堂的居住环境，让他要什么有什么，而且都是别人会主动来关照他所需要的事物。在这种状况下，孩子的人际原则可能变成：只要我想要，别人就会主动来问我——但进入实际的校园生活后，又不见得会如此（当然，有些孩子身上就有一种会让人家主动来接近他的气质，这另当别论），所以孩子就有一个机会，发展出适应真实环境的能力。

也就是说，当一个孩子在学校环境受挫时，可能会反而帮他发展出"能够主动与人交友"的弹性；反之，当孩子的环境没有这样的受挫因子呢？他当然只要维持一贯的被动原则就行啦！根本不需要主动踏出交友的脚步。由此可见，人际受挫，不一定是坏事。

⭐ 孩子对人际关系的"幻想"

心理学家也认为，孩子自出生以来，就有一个任务：要发展分辨内部世界和外部世界的能力。而孩子早期的内部世界，是他们内心情感的合成物——也就是孩子的"幻想"。他们会通过最早与重要他人之间关系的体验，来想象外面的人、事、物，并且模拟别人做事可能的轨迹。

在一个心理学研究中，心理学家拿自闭儿童和照顾者之间的互动来进行研究。他们发现，每当孩子试着要正面"看"他们的照顾者时，照顾者总是转身远离他们。一开始，孩子还会多次尝试与照顾者进行目光接触，但多次失败后，孩子们被拍摄到出现明显的困惑、沮丧表情——而且在四个月大的孩子身上就可观察到这样的现象。之后，孩子就有了一个"心理幻想"，觉得他们怎么努力，也没办法让人正眼"看"着他们，而"目光回避"也变成孩子们自闭行为的一个明显特征了。

除了自闭症外，心理学家研究了许多儿童病理性的问题，最后发现，这些孩子大多曾经感受到长期且严重的"令人沮丧的互动体验"，导致他们对人际的幻想是扭曲的。对于其他较为积极的孩子来说，如果这些互动经验没有那么严重受挫，他们可能会幻想"自己多做些什么"，就能引起别人的注意。所以当这些内心积极的孩子，受到人际挫折的时候，他们可能感受到生气和愤怒，却愿意忍受，且跨出脚步去为自己做些什么。

由此可见，对人际受挫感到愤怒、生气、悲伤的孩子，心理还是健康的。但当孩子面对人际受挫也无所谓、表现消极，就值得家长好好去关心了。

家长可以这样做

✪ 检视自己的"冷热程度"

孩子最初与同龄人的相处，往往反映出他们与家人的相处经验。所以当孩子面临人际挫折时，家长也不妨先自我检查：我与孩子的互动是冷淡还是热情？我对孩子人际挫折的反应是冷淡还是热情？

冷淡的反应：不太正面去响应孩子的需要。例如，当孩子一直想要跟你说话时，你总是在忙某些事情，像是洗碗、做家事、打计算机、看电视等等。当孩子一直看着你的时候，你没有像他看着你一般看着他；当孩子想要抱着你的时候，你没有像他抱你一般响应他的拥抱。当孩子遇到人际挫折时，你也没什么感觉，觉得过一段时间，情况就会改善。——上述这些状况，可能让孩子面对人际挫折的态度较为消极，对人群也不会表现出太大的兴趣，或是把对人的兴趣藏在心里。

热情的反应：过度响应孩子的需要。例如，当孩子跟你说一句话，你就要回应他更多话；或当孩子不太想说话时，你还是让他一定要跟你说话（没话也要找话讲）。当孩子想要自己玩耍时，你会希望他中断游戏让你拥抱。当孩子遇到人际挫折时，你比他反应还大。——上述这些状况，可能会过度涉入孩子的人际关系，让孩子习惯由你帮他处理事情，或是想要逃到外面去。

⭐ 建立"爱与信任"的引导对话

越小的孩子，越容易活在"全有全无"的想象里：当在某个地方发生挫折，就把这个挫折蔓延到整个人际关系、整个学校中。在这些经验中，我们也协助孩子了解到：生命中有些人际关系会一直存在（例如，家人关系、血缘关系），但不一定要勉强自己拥有及维持每一段关系。所以我们可以通过一些引导对话，来建立孩子的"爱与信任感"：

孩子自己也不一定喜欢每一个人：宝贝，你真的喜欢每一个人吗？会不会有些时候、有些人，也让你不太喜欢？那么，如果你自己都这样了，为什么还要别人都要喜欢你呢？

不是每个人都一定要喜欢自己：宝贝，你知道妈妈虽然有很多朋友，可是也不是每一个人都一定会喜欢妈妈。你也一样啊！我们不一定要每个人都喜欢我们。

可以信任家人的爱：宝贝，但是不管别人喜不喜欢你，家里的人都会很喜欢你，这就是家人。

这些不能说或做

＊帮孩子去找不和他玩的同学算账，或拜托他们和孩子玩。
（孩子失去了自己解决挫折的机会）

＊跟孩子说："没关系，那些小朋友不好，我们也不要跟他们玩。"（孩子就是因为在意这些同学，才感到难过，这么说会扭曲孩子的心智）

＊去跟老师告状。（就算要请老师帮忙，也应该教孩子自己去跟老师说）

妈妈，他打我！

面对孩子被欺负

（谈笑风生）

打～碰！

（尴尬...无言）

百货大楼里一个大型的儿童游乐场，里头有各种卡通人物造型的玩具。妈妈带着三宝到游乐场去玩：妈妈手上抱着两岁的小安安；已经六岁的欣欣，自己专心地投入益智游戏中；只有好动的佑佑，兴冲冲地往球池冲去。

球池里放了几样男孩子喜欢的玩具，里头的孩子就像挖宝一样，不断往球池里捞。只见佑佑捞起了一辆玩具模型车，开心地向妈妈挥手——就在这时，佑佑身旁的一个小男孩，一把抢过了佑佑手上的车车；佑佑才刚反应过来，要伸手去拿回来时，小男孩却拿着模型车，从佑佑头上敲了下去。

"哇……"游乐场里爆出了佑佑的哭声。妈妈和那个小男孩的妈妈并肩站在外头，对彼此露出了尴尬的表情。

不知道大家同不同意，身为一个母亲，都有一种很自然的防御本能：只要看到有人想接近自己的孩子，就会很自然地把孩子拉近一点——这种本能大约从怀孕时期就开始，所以走在路上，要是你胆敢去撞孕妇，可是会被瞪回去的。

那么问题来了，如果是两个小小孩在玩耍呢？如果有一个小孩想抢另一个小孩的玩具，而两个母亲都在场，这种情况如何处理？当母性本能遇上小小孩之间的权力斗争议题，该以何者为重？

面对这样的问题，许多家长可能会有一个困扰：好像保护了自己的孩子，就对另一个小孩和小孩的母亲不太好意思；保护了另一个孩子，又好像没有顾虑到自己的小孩。那到底该如何是好呢？

孩子可能这样想

⭐ 你要表现得像我妈妈

在孩子与其他孩子发生抢夺的状况下，孩子心里最直观的感受是：我的妈妈应该保护我，帮我把玩具抢过来；如果妈妈没有保护我，孩子会降低对妈妈的信任感，觉得妈妈没办法在他需要的时候为他出头。

当然，理解孩子这样的心声，和真的这么做是两回事。但当我们了解孩子的内心世界是这样，事情发生的第一时间就能把注意力关注到孩子身上——也许是唤孩子过来抱抱他、安慰他，而不是急着就跟孩子说："没关系啦！你去玩别的就好。"

⭐ 只要你放手，我就有自己处理问题的能力

除了采取客气式、礼让型的妈妈，有些妈妈在旁边看了可能会跟着冒火：这个死小孩，怎么能这样欺负我的孩子？

所以有些妈妈可能会跟着卷进孩子争夺战里。我还看过有些家长，会忍不住在孩子耳边小声说：你去抢回来啊！去跟他抢回来啊！或者，用眼睛瞪着那个抢自己孩子玩具的小孩，说："小朋友，你没有看到他在玩吗？"

其实，这种反应方式也没有做到"把关注点放到自己的孩子身上"，因为在这种状况下，家长自己的心情与处事作风，可能已经被孩子这相处的插曲，给深深引发了。

当家长涉入孩子的人际相处方式，孩子眼睛在看、耳朵在听、心里在学，而且父母涉入的影响力，往往比孩子自己更有力量。所以，孩子不知不觉便会用"父母的方式"在交朋友，但那不见得是孩子真正的模样。

家长可以这样做

⭐ **情境当下：以自己的孩子为主**

从心理学的角度来分析，我想大家都可以理解：每个为人父母者，心里都有自己的议题，而且在教养孩子的时候，不知不觉地会将这些议题投射到对孩子的养育方式上。所以像上述情境的反应方式，其实主要是反映父母如何面对他人的眼光、父母希望自己在别人眼中的形象，以及父母的人际关系。

在这种状况下，家长开始有所反应之前，可以先做两件事：

觉察自己的心情，是不好意思？还是生气、心疼？了解这些心情可能来自自己，而不见得是孩子现在真实的情绪。

先观察孩子的反应，是否已经有不舒服的情绪？如果孩子已经快哭了，或有受伤的反应，可以把孩子唤到身边来给予安慰，不然也可以用眼神陪伴他，让孩子知道你和他在一起。

如果你发现自己的孩子没办法去向另一个孩子要回玩具（而且另一个孩子还一直要抢他玩具），鼓励孩子主动去解决问题，比家长帮他解决问题更具力量。例如，当家长想要请另一个孩子停止这样的行为时，可以带着自己的孩子、站在孩子身后，拉着孩子的手，用坚定的语气和其他孩子说："这个玩具我还在玩，你可以还给我吗？"即使孩子第一次还没办法自己说出口，但慢慢的，孩子就学习到——这是父母在陪着我处理问题。

除此之外，有些家长可能还会有下列两个问题：

另个孩子的家长也在，这样捍卫自己的孩子好吗？——换个角度想，每个家长都能理解父母捍卫自己孩子的心情，只要你不是把自己的情绪带进去处理，大家都能体谅的。更何况，以后你也不见得会再遇到这个孩子的母亲了。

　　我的孩子个性比较强硬，遇到这种状况，他会打另一个孩子，直接把玩具抢回来，怎么办？——换个角度想，这表示孩子是很有人际力量的，只要孩子年纪还小（大概未满三至四岁），这都是直接的防御反应；你可以回家再教育孩子，当下却不能因此而惩罚他，这会削弱他的自信和竞争力。

　　换句话说，在情境发生的当下，家长最适当的处理方式就是：挺自己的孩子，和他在一起——尤其，是六岁以下的小小孩。

　　⭐ **情境之后：启发式的机会教育**

　　情境发生之后，父母和孩子可能对当时的事件有不同的想法与反省（当然，父母的反省绝对是比较多的），也可以就此观察：孩子的性格是什么？人际处事风格是什么样子？有没有太过软弱？太过霸道？缺乏独立？

　　当我们把观察的重点放在孩子的身上，我们需要从这个情境中教育孩子的是什么？例如，对于太过霸道的孩子，可以给他三种启发式的思考方式：

　　问题思考法：宝贝，你觉得你刚刚那样对吗？（通常父母会这么问的时候，就是觉得孩子做法有问题。孩子如果说对，你可以请他再想想；孩子如果没办法想出哪里有问题，你可以语言直接，但情绪委婉地告诉他：宝贝，你刚刚做了……这是不对的。）

换位思考法：宝贝，如果刚刚你遇到一个比你更凶的小朋友，变成他打你、你又打不过他，你会不会很难过？

未来思考法：宝贝，所以如果以后再遇到这样的事，你觉得我们该怎么办才好？

至于太过软弱的孩子呢？父母可别因为自己心疼孩子被欺负，就要让孩子变得跟我们一样生气。我们同样可以用上述的三种思考方式，只是角色反过来，问孩子：

刚刚那个人这样对你，你觉得他哪里错了呢？

你觉得要怎么样才可以让他以后不要再这样？

以后如果他再这样，你要怎么办呢？

我们可以容忍孩子当下的软弱或霸道，但不能放过的，却是孩子得要在这些情境中学习思考，并沿用到他未来的人际相处中。这是父母可以协助与陪伴他的最好礼物。

这些不能说或做

*一味地帮着别的孩子。（孩子会觉得你没有和他在一起）

*比孩子还要生气。（父母被自己的情绪淹没，会阻碍我们观察孩子最真实的样子）

我们都不要理他

面对孩子排挤他人

家里附近有一个小型的游乐场，每当假日的时候，爸爸、妈妈常常带着三宝到这里玩耍。来了几次之后，附近的小朋友们也跟着熟稔了起来，其中一个和欣欣年纪相仿的小男孩，总是和欣欣玩在一起。时间久了之后，几个家长干脆帮孩子们包班一起上起直排轮。

没想到，最近妈妈却发现欣欣和小男孩的感情似乎出现了状况。如果只有欣欣和小男孩两个人单独相处还好；但当许多小朋友在一起时，欣欣会趁小男孩不注意的时候，把友伴们召集在一起，和大家说："等一下我们都不要理他（小男孩），好不好？"

妈妈发现这样的情况，真是惊讶极了！欣欣明明是个善良的小女孩啊！怎么会做出这种排挤别人的事情呢？

曾经有好几个家长来问过我类似的状况：自己的孩子出现排挤别人的状况，让他们很担心。

我观察到这些家长有一个共通的特质，就是他们都愿意花时间参与孩子的活动，所以才会发现孩子与人相处的细枝末节。但是我们可以先不以"善恶"和"对错"的想法来评断孩子这样的行为，因为有时年幼孩子所说的话、所做的事，凭的是他们当下的感受，虽然背后有逻辑的存在，但却需要大人帮他们一层一层地往内剥，才可以发现那里头的用意是什么。

孩子可能这样想

★ 被拒绝自我的向外投射

心理学上认为，小小孩与家人之间的互动中，有两种状况特别容易引发他们的不舒服感受：第一种是"逗弄式的互动"，大人想要的时候就去找小孩玩一玩，玩得高兴就拍拍屁股走了，而小小孩获得的是一种开心过后的沮丧和空虚；第二种是"拒绝式的互动"，通常会发生在照顾者比较严肃、冷漠、带有敌意或退缩的状态，而小小孩感受到的是自己不受欢迎、不被爱，进一步可能对这种感觉感到生气与愤怒。

　　上述两种感觉，对孩子来说都是不舒服的。而当人面对内在有不舒服感时，常常会做的反应就是把这种感觉发泄出去，或者投射到其他人身上。比如说，我如果觉得自己常常被人家逗弄着玩，这种感觉会让我感到很不舒服，我却可能通过逗弄别人玩，来发泄我内心的不舒服。

　　拿这种观点来看，当孩子拒绝某些同龄人的时候，也有可能是把自己心里害怕被否定、被拒绝的感受丢到其他同伴身上，其实他们内心真正渴望的是拥有与被接纳，因此用这种"排挤别人"的方式，来形成自以为是的团结与连结感——而这个被排挤的同龄人，则是代替孩子自己心里的恐惧，而被牺牲了。

　　这种孩子的内在核心，往往是害怕"失去关系"，所以尽可能地避免被抛弃之苦——不管这种抛弃感是真实的，还是想象的。

⭐ 自我和他人界线的难以整合

　　小小孩所面临的最重要任务之一，就是"整合"。包括整合爱与恨、好与坏、人与我……但这件事情对孩子来说实属不易（事实上，对大人来讲都不容易）。所以对孩子来说，这种整合上的困难，就可能反映到他们的人际关系中，而让他们常常产生：这到底是你的感觉，还是我的感觉，之类的困惑。所以，当孩子在人际关系中，出现了拒绝同龄人的现象，就可能有下列几种内在状态：

　　我觉得我哪些部分不好，又不能排挤自己，我就排挤那些有这相

同部分的友伴。（自我的抵销）

我觉得我的父母或重要他人有哪些部分不好，又不能排挤父母，我就排挤那些和我特别亲近的友伴。（关系的抵销和报复）

当我觉得自己是不好的，我就特别容易觉得别人不好、排挤别人，特别当这些人有一些些让我觉得不舒服的时候。

我不太清楚是自己不好，还是别人不好，但是排挤别人会舒缓我这种模糊的感觉。

举个例子来说，我曾经遇到过一个小学生，她是那种功课好、长得漂亮、当班长的那种孩子；老师赋予她很大的权力，让她好好管理整个班级。这个孩子的班上有个长得胖、动作又慢的女同学，这个功课好的孩子不知道为什么，就特别喜欢找这个同学麻烦，不但联合班上同学不理她，还会偷偷拿老师的棍子打这个女同学。

后来经过辅导，才发现这个功课好的同学，心里一直觉得，自己不管表现得再怎么好，周围的人都不是真心喜欢她；所以每当她看到这个胖胖的女同学时，就有一种莫名的火气，觉得这同学怎么可以这样自我放弃（其实人家没有自我放弃，人家只是喜欢做事情慢慢的，悠闲一点而已），于是就忍不住要找她麻烦了。

家长可以这样做

★ 了解动机

曾经有一些家长跟我反映，在这种情境下，他们试着要带孩子去站在被排挤的人立场想一想，却好像没有多大的效果。我认为这是因为我们还不了解孩子人际排挤行为的背后意义是什么，孩子自己也不太清楚，所以那种焦虑感没办法释放，问题自然没办法解决。所以，在这种状况下，我们第一个要做的，仍是通过引导式的对话，来了解孩子背后的动机：

宝贝，你为什么不想理他呢？——孩子的回答大致可以分成两种：一是和这个孩子排挤的"人"本身有关；一是和这个人无关。

假设孩子回答了与这个"人"相关的（例如，他很臭、很讨厌），家长可以再问具体一点：什么叫臭臭的？很讨厌？是没洗澡那样的感觉吗？——你可以从中发现孩子无法忍受的是什么，以及和他一起讨论无法忍受的原因，也许孩子对自己有更多发现，对这个人就不讨厌了。然而，与"人"相关的原因，我们也不用勉强孩子一定要和这个人交朋友，但要引导他，每个人都有交友的选择权，我们可以离他远一点，却不能伤害人家，这样是不对的。

假设孩子回答了与"人"无关的（例如，因为我想跟别人一起玩啊），家长可以进一步问：那这和你不理他有什么关系呢？一层一层地往下问，孩子最终会发现，他所在意的点，和不理这个人，真的没什么关系。

⭐ 建立整合的信心与弹性

孩子在整合的过渡期，常常把许多明明无关的线索拉在一起，导致自己变得没有弹性。就像，他们可能不会发现"我跟他玩"与"我想和别人一起玩"其实是两件事，而误以为只要我和他玩，就不能和其他人玩——这是父母可以协助和引导的。

这些不能说或做

* "你不可以这样，你一定要跟他一起玩。"（尤其在还不了解孩子行为动机的时候）

* "你这样让妈妈很难过，你怎么可以做这种事。"（孩子对同龄人的排挤，往往和内在的被拒绝感有关，这么说可能会引发孩子更大的不安）

♥♥ 我们来做这个好不好？

面对孩子的老大心态

　　自从弟弟和妹妹出生之后，欣欣的生活里多了两个玩伴，不再像以前一样，一个人和洋娃娃玩扮家家酒。可是每天放学后，欣欣进家门的第一件事却变成这样……

　　"佑佑，姐姐跟你说，姐姐教你背一首很好听的唐诗。"欣欣拿出书包里的唐诗课本，从旁边拉了一张小椅子，拉着弟弟坐下来。

215

"春眠不觉晓……佑佑，你要跟着姐姐念啊！"看弟弟没反应，欣欣凑近弟弟的眼前："姐姐念一句，你要跟着念一句啊！"接着又转向一旁的小妹安安："安安也要念喔！等一下姐姐考你！"（拜托，安安才两岁，哪会念啊！）

试了半天，看佑佑始终没念好几句唐诗。欣欣又灵机一动似的，拿出一张纸在上头画了画："佑佑，来，选出里面最短的一支铅笔。"欣欣说。（天啊！开始出起数学题考弟弟了）

整个晚上，客厅充满欣欣的声音："佑佑，姐姐跟你说，我们来做这个好不好？""佑佑，好，那我们现在来做这个。"

这到底是姐姐教弟弟？还是姐姐在管弟弟？这姐姐到底是想帮弟弟？还是想控制弟弟啊？

不知道各位家长如果看到这样一幕，是为孩子长大感到开心呢？还是摇摇头想说自己怎么生了个管家婆？就像这里所提到的"老大心态"，家长们可能会想问：是不是家里排行老大的孩子，就会有这种喜欢管人的那种老大心态呢？

当然，在家庭排行上，排行第一位的孩子的确拥有这种特质。但我们这里特别要探讨的，除了排行上所显现的特质外，还有其他所有的孩子身上都可能出现的那种"希望大家都听我的"的特质。

孩子可能这样想

⭐ 儿童时期的心理愿望

每个小小孩最原始的愿望，都是希望给予他满足的主要照顾者（通常是母亲），能满足他所有的要求，希望她是有爱心的，而且会无条件接纳自己。在小小孩的心里，这是一种世上所有美好事物都浓缩到某一个人身上的心理愿望。

但这大多只是一个愿望、一个梦想而已，因为母亲（或代替母亲的主要照顾者）也是一个人，也会有感到疲劳、厌倦、失去耐心的时候，所以孩子在清醒时所认识的母亲并不会永远完美——但这也无法阻止他们继续将母亲理想化。当母亲越远离孩子理想化的心愿时，孩子可能反过头来越希望自己能控制得了母亲——正是因为这样的心理状态，我们常常可以看到，一个在超级市场里要求母亲买玩具的孩子，母亲明明已经对孩子说"不"了，孩子却更奋力地（通常这种奋力是用哭闹来表达）来促使母亲就范。母亲情绪越激动地表示拒绝，孩子的情绪也更激动地加以对抗。

当母亲和孩子的关系，始终远离孩子的心理预期时，孩子可能将这种对母亲的"控制感"转移到其他人际关系上。如此一来，就能从别的人际关系上，弥补无法控制母亲的失落感。

⭐ 外在管理的内在转化

小小孩在幼年时候，会"吸收"母亲（或其他取代母亲的主要照顾者）所"给予"的反应，例如，表扬或指责，并且通过体验，形成

217

骄傲或内疚等心理功能，构成孩子与他人关系中很重要的感受。当母亲在场时，孩子会和母亲进行面对面的对话来吸收她的"给予"；当母亲不在时，就在内心和心理的母亲对话（孩子的心里会有一个想象的母亲，教他现在该做些什么）。当孩子越独立活动，这种内在的对话就越多；而这种从抚养关系中所形成的人际结构，与孩子如何进行内在的情感满足，有密切的关联。

在这种"给予——吸收"的关系中，吸收和给予的关系也可能产生反转。也就是说，今天孩子吸纳了父母的管教方式，这种外在管理可能慢慢内化成孩子对自己的管理，甚至会重新吐纳出去，变成他们对别人的管理。所以你可能会发现，有些孩子和同学说话的样子，和孩子的父母与他说话的样子如出一辙。举例来说，家里比较大的孩子，会学着妈妈的口气跟弟弟、妹妹说："喔～这样不可以喔！"或者，有些孩子在成长的过程中，会出现"想象的伙伴"（对着空气或洋娃娃说话）——这对孩子来说像是一种所谓的"看不见的朋友"，但其实也是一种孩子内在世界对话的外部语言表现。

当孩子进入校园生活，所有的"想象的伙伴"与"看不见的朋友"，变成"真实的伙伴"与"看得见的朋友"，他们的内在世界自然有了对话的出口，但这些对话方式往往反映了他们和父母之间的关系。

老大心态也不例外——孩子这样的举动，也代表他们正在消化与父母亲之间的权力和控制议题。

家长可以这样做

⭐ 适时让孩子可以控制你

各位家长不要误会了，这里提的"让孩子可以控制你"，指的不是让孩子爬到自己头上，而是让孩子对父母的行为有"可循的逻辑"。比如说，你要发怒前，你要让孩子有"大人快生气了"的征兆（通常是口头认真的警告）；或者孩子会很清楚地知道，他做了什么会得到你的赞美……这些，都有助于孩子对与父母之间的关系，具有"信赖性的控制感"。亦即，他不用怕大人突如其来地发火，也不用怕外面的威胁会实际伤害到他（例如，父母吵架的时候）。当孩子在关系中具有一定的控制感，他们对很多事情的要求就不用那么执着或完美（因为要抵销那种不被爱的恐惧）。那么，也许他们还是会想要管别人（领导能力的展现），却不用为了管不到别人而发怒或沮丧（唯我独尊的反应）。

⭐ 老大可以轮流当

孩子想当老大，不用太过担心；孩子没办法忍受别人当老大，就得要留意。这代表孩子想要领导，却无法被统御，想要以自己为世界的中心，却无法融入别人的世界。所以当孩子出现"你得要听我的"的举动时，家长还是得先观察，这种想法是否具有弹性？孩子当完老大后，能不能换别人当老大？

先探问：宝贝，换别人当老师好不好？宝贝，要不要问问看弟弟想玩什么？

219

再了解：宝贝，你怎么这么喜欢当老师呢？当老师很好玩吗？宝贝，你这么喜欢弟弟跟你玩这些游戏啊？那如果弟弟不想玩怎么办？

后鼓励：宝贝，妈妈看你这么棒很开心，可是如果你能帮弟弟也做到像你这么棒，妈妈就更开心了，你要不要教弟弟试试看？

当孩子无法忍受别人权力大过于己的时候，也许是一个很好的时机，让父母蹲下来检视自己和孩子之间的权力位置：我对孩子是否管得太严或太松了呢？

这些不能说或做

* "你怎么都一直要别人听你的，不可以这么自私。"（还未了解就先加入评价）

* "你这样不行，你让他。"（忽略孩子的控制需求）

♡♡为什么不是我？

协助孩子了解公平的意义

这天，欣欣放学后，显得闷闷不乐的。

平常总是吱吱喳喳的模样，这天却如此反常，妈妈忍不住关心到底发生了什么事？

"宝贝，怎么啦？谁惹你不开心？"妈妈问。

"是老师。"欣欣嘟着嘴说。

"嗯？老师怎么啦？"妈妈又问。

"老师不公平啦！"欣欣说。

"怎么啦！到底发生什么事？"妈妈不懂。

"老师说，有画画比赛啊！他要从我们以前画的画里面，选出代表班上去比赛的小朋友，可是……"说到这里，欣欣眼眶开始红红的。

"可是老师没有选你对不对？"妈妈终于懂了，笑笑地问。

"老师不公平。为什么不是我？"欣欣说，一滴眼泪跟着掉下来啰！

各位家长，不知道大家有没有想过：如果你也觉得自己的孩子在某方面表现很好，但是老师却没有看到他在这方面的才华，你的感受会是什么呢？

想起来多少会有些心酸吧！有些家长可能会拍拍孩子，安慰他就算了。可是这心酸的感觉，其实也代表孩子心里"想要向上"的心情；但被这种辛酸袭击，却是一个很好的机会，帮孩子获得一些成就以外的重要能力。

孩子可能这样想

⭐ 孩子以情感为思考，不以逻辑为思考

"语言"对小小孩的重要性，是发展出语言能力后，孩子才能通过语言明白自己情绪反应的意义，也才能把自己内在的情感显示到脑袋与意识层面中。在语言能力发展之前，孩子的许多情绪反应能力是非理性的，时常会把自己的情感和某些早年发生的事件联系在一起；而且这种联系的关系，常常是"无法用言语来形容"。这种把"事件"与"情感"连结的领悟力，得要随着语言发展增强，才能越来越提升。所以，越小的孩子，领悟自己的情感如何受到事件引发的能力越差，也导致孩子们对一些事件做出情感反应时，没

有逻辑可言。

这就是为什么，孩子的描述、孩子的想法，好像总是比较绝对。例如，你不给我糖吃，你就是不爱我——这可不是他们在说气话，而是孩子的情感上，真是这样连结的。但这种缺乏逻辑的情感思考，大人在旁边客观地看，就知道这种论调是非常容易被"攻破"的，所以孩子才常常需要大人去引导他们思考：情感背后的逻辑究竟在哪儿？

倘若在年幼的时候，这种"情感连结事件的逻辑能力"没能常常受到挑战、反思与引导，孩子成年之后，就会常常坠入过去的情感事件中。比如说，我曾经遇到过一个二十几岁的年轻女性，她接受了一个项目的聘任，在某公司工作了了三年。这家公司一共五个类似的项目人员，而这位女性是资历最浅的一个。后来，项目聘任的时间快要到了，主管向上争取到一个正式的员工名额，并在这五位项目人员中，依资历深浅，留下了最资深的一位员工，这位女性自然期满离职啦！没想到，这件事情却引发了她忧郁的情绪，虽然她理智上知道自己离职的理由，但情感上她还是觉得自己是因为被主管挑剔，觉得自己表现不好，所以才被请走的。

这和孩子在思考"公平"时，所用的连结方式一样：仰赖的不是逻辑、思考和判断，而是情感、直觉与想象。所以他们可能把自己陷入一个很深的情绪当中，却也很容易被旁人通过逻辑带回现实来。这种情感逻辑的思考，就是一种"挫折容忍力"。

家长可以这样做

⭐ 了解孩子对"公平"的迷惑

我们先试着站在孩子的立场，来想想他们怎么看待"公平"这件事，你就会发现，这里头有很多逻辑"奇特"的地方，难怪孩子会为了公不公平，而伤心半天：

公平就等于：你对别人不能比对我好。

公平就等于：别人拥有的时候，我也应该要有。

公平就等于：我被处罚的时候，别人也应该要被处罚。

所以，要解决孩子的"情感直觉"，大人得要先发现他们的"逻辑错误"在哪里。上述的几个"公平迷惑"，如果转换另一个角度来看，也许就会这样：

公平就等于：你对我好时，也可以对别人这样好。

公平就等于：我拥有的时候，别人也可以拥有。

公平就等于：别人被处罚的时候，我也要想想我有没有做错。

除了"公平迷惑"以外，我认为引发孩子情绪的更大迷惑点，是在于"凡事要公平"。

怎么说呢？不管是心理学的立场，还是教育的立场，我们总是强调，也深深了解：每个孩子都是独特的。所以当"公平"这种具有社会权力的抽象议题，被孩子单纯直率的脑袋拿来思考的时候，孩子们很容易扯到"我是如何被对待"上，而不会了解那背后属于社会正义的概念。

所以我们有责任告诉孩子：你是独特的，每个独特的人不需要被一样的对待。比如说，姐姐喜欢画画，所以妈妈买了画笔给她；弟弟喜欢车子，所以妈妈买了模型给他——但我们可不能因为画笔比较小、比较便宜，车子比较大、比较贵，就说这是不公平，不是吗？

⭐ "不公平"也是挫折容忍力的开始

当孩子嚷出"这不公平"的那一刻起，其实背后已经带着竞争与比较。这是他们面对真实社会的开始，却也是逐渐成长、面对挫折与挑战的时刻。所以，当面临这珍贵的一刻，对家长来说，无疑是一个很好的时机，协助孩子提升他们的"挫折容忍力"：

了解孩子的不公平感，是如何连结的：宝贝，为什么这会让你觉得不公平呢？

给予孩子适当的肯定：宝贝，可是就算你没有，你还是知道自己很喜欢这件事，也可以做得很好对不对？

鼓励孩子，如果真的想要，可以主动争取：宝贝，你知道吗？如果今天爸爸、妈妈跟你一起玩球，球在妈妈手上。如果你没有跟妈妈说："妈妈，给我。"妈妈可能就会丢给爸爸，不一定会丢给你。所以如果你真的想要这个，你可以主动说啊！

当然，不管什么样的事情，孩子终究要学会面对：就算想要，也不一定可以得到。但我们真的不需要因为没有得到，就否认别人的得到。

我们可以同时拥有，可是拥有的东西不一定相同——也许这才是对孩子最好的"公平"批注。

这些不能说或做

*私下去帮孩子把事情协调成他们所愿。（把孩子可以学习容忍挫折的因素给消灭了）

*跟着孩子难过。（因为面对孩子的不公平事件，父母实在要开心，这是一个很好的机会教育）

后记

"欣欣，你是不是觉得老师没有选你的画，你觉得很难过啊！"看欣欣哭得这么伤心，妈妈知道，画画是她最喜欢的一件事情，所以没有获选，她心里一定很挫折。

欣欣点点头。

"不过，妈妈相信老师选的同学，他画的画一定也很漂亮，对不对？"妈妈又问。

"所以是我没有他画得好吗？"欣欣红着眼睛问妈妈。

"妈妈也不知道耶！可是我知道你很喜欢画画，而且画得很好。"妈妈说。

"真的吗？"小孩果然很单纯，这样就稍微安慰到欣欣了。

"那你要不要再多画点画，如果真的很想参加比赛的话，就去请老师，如果下次还有机会，帮你报名好不好？"妈妈说，一边摸摸欣欣的头。

"真的吗？我下次可以参加比赛吗？"欣欣睁大眼睛问。果然想到以后可能还有机会，孩子的注意力一下就被转移了。

"当然啦！画画比赛有很多啊！妈妈也可以找其他的比赛帮你报名啊！"妈妈笑笑地回应。

　　"耶！妈妈万岁，妈妈万岁。"欣欣笑了。

　　面对孩子，我们真的要把握好他们如此单纯的时刻。